计算机网络技术与应用

石雷　金丽娜　苏洋　著

延吉·延边大学出版社

图书在版编目（CIP）数据

计算机网络技术与应用 / 石雷，金丽娜，苏洋著
. -- 延吉 ： 延边大学出版社, 2024.4
ISBN 978-7-230-06343-2

Ⅰ. ①计… Ⅱ. ①石… ②金… ③苏… Ⅲ. ①计算机
网络 Ⅳ. ①TP393

中国国家版本馆CIP数据核字(2024)第072229号

计算机网络技术与应用
JISUANJI WANGLUO JISHU YU YINGYONG

著　　者：石雷　金丽娜　苏洋
责任编辑：耿亚龙
封面设计：文合文化
出版发行：延边大学出版社
社　　址：吉林省延吉市公园路977号　　　邮　　编：133002
网　　址：http://www.ydcbs.com　　　E-mail：ydcbs@ydcbs.com
电　　话：0433-2732435　　　传　　真：0433-2732434
印　　刷：廊坊市海涛印刷有限公司
开　　本：710×1000　1/16
印　　张：13
字　　数：220 千字
版　　次：2024 年 4 月 第 1 版
印　　次：2024 年 4 月 第 1 次印刷
书　　号：ISBN 978-7-230-06343-2

定价：65.00元

编 写 成 员

著　者：石　雷　金丽娜　苏　洋

编写单位：陕西国防工业职业技术学院

长春大学

北京国盾信息中心

前　　言

计算机网络技术是计算机技术与通信技术相结合的产物。21 世纪是信息时代，更是科学技术高速发展的时代。计算机技术和通信技术相互渗透，在过去的几十年里取得了长足发展，这促使计算机网络技术成为当今较为热门的学科之一。

计算机技术与信息技术的迅猛发展促进了整个社会的进步，对人类的生活和工作方式产生了极大的影响。尤其是计算机网络技术应用的日益普及，给人们的工作、学习和生活带来了革命性的变化，计算机成为人们日常生活必不可少的工具。

笔者在编写本书的过程中，参考了大量的文献资料，在此向相关文献资料的作者表示由衷的感谢。由于计算机网络技术是一门内容丰富、不断发展的综合性学科，加之笔者水平有限，书中不妥之处在所难免，敬请各位专家和广大读者批评指正。

笔者

2024 年 1 月

目　　录

第一章　计算机网络概述

第一节　计算机网络的
内涵、组成和功能

一、计算机网络的内涵

计算机网络就是通过通信线路和设备，将不同地理位置的多台计算机连接起来，按照某种协议进行数据通信，以实现资源共享的信息系统。

通俗地说，计算机网络是计算机技术与通信技术相结合的产物，它可以把多台计算机利用通信设备和传输介质连接起来，在网络软件的作用下，实现计算机数据通信和资源共享。

计算机网络具有以下内涵：

①计算机网络是一个互联的计算机系统的集合，这些计算机系统可能在一个房间内，也可能在一个或几个城市里，甚至可能在全国乃至全球范围内。

②这些计算机系统的功能是独立的，即每台计算机是可以在网络协议控制下独立工作的。网络协议是指为进行网络数据交换而制定的规则或标准。

③计算机系统互联是通过通信设施实现的。通信设施一般由通信线路、交换设备等组成。

④计算机网络通信的目的是实现资源共享。共享的资源包括计算机的硬件、软件和数据等。

计算机网络是计算机应用的最高形式，它充分体现了信息传输与通信手段和信息处理手段的联系。最简单的网络就是将两台计算机互联的网络，而最复杂的网络则是将全世界的计算机连在一起的互联网。

二、计算机网络的组成

计算机网络系统是由计算机网络硬件和计算机网络软件组成的。网络硬件提供的是数据处理、数据传输和建立通信通道的物质基础，而网络软件是真正控制数据通信的。网络软件的各种功能需依赖网络硬件实现，二者缺一不可。

（一）计算机网络的硬件组成

计算机网络硬件包括计算机网络设备和通信介质，网络设备有网络服务器、网络工作站、通信控制处理设备和网络连接设备等。

1.计算机网络设备

（1）网络服务器

网络服务器是为用户提供网络服务的计算机。网络服务器是计算机网络中核心的设备之一，它既是网络服务的提供者，又是数据的集散地。较大规模的计算机网络系统需要配置多个服务器，而小型计算机网络可以把高档微机作为服务器使用。按应用分类，网络服务器可以分为数据库服务器、邮件服务器、视频点播服务器、文件服务器等；按硬件性能分类，网络服务器可以分为工作站服务器、小型机服务器和大型机服务器等。

（2）网络工作站

网络工作站是通过网络接口卡连接到网络上的个人计算机，既可以作为独立的个人计算机为用户服务，又可以按照被授予的一定权限访问服务器。在网络中，一个工作站就是网络服务的一个用户。工作站的主要功能是享受网络上提供的各种服务。用户通过网络工作站访问网络资源。对一般网络应用系统来说，工作站的配置比较低，因为它们可以访问网络服务器上的共享资源。不带磁盘的工作站是无盘工作站，这些工作站只能使用网络服务器上的可用磁盘空间。

（3）通信控制处理设备

通信控制处理设备主要负责计算机与网络的信息传输控制，它的主要功能是线路传输控制差错检测与恢复、代码转换，以及数据帧的装配与拆装等。在以交互式应用为主的微机局域网中，一般不需要配备通信控制处理设备，但需要安装网卡。

（4）网络连接设备

网络连接设备是在计算机与通信线路之间按照一定通信协议进行数据信号的变换及路由选择的设备，主要用于连接计算机并完成计算机之间的数据通信。这些设备负责控制数据的发送、接收或转发，包括信号转换、格式转换、路径选择、差错检测与恢复、通信管理与控制等。目前，常用的网络连接设备主要有集线器、网桥、交换机、路由器、网关等。

2.通信介质

通信介质是计算机网络中发送方和接收方之间的物理通路。传输过程中不可避免地会产生信号衰减或其他损耗，而且距离越远衰减或损耗就越大。不同的通信介质，其传输数据的性能不同。常用的通信介质可分为有线传输介质和

3

无线传输介质两大类。有线传输介质有双绞线、同轴电缆和光导纤维等，无线传输介质有微波、红外线和激光等。

（二）计算机网络的软件组成

网络软件是负责实现数据在网络硬件之间通过传输介质进行传输的软件系统。计算机网络的软件系统比单机的软件系统要复杂得多，包括网络操作系统、网络通信协议、网络管理软件、网络服务软件和网络应用软件。

1.网络操作系统

网络操作系统是为计算机网络配置的操作系统，网络上的各台计算机都配置各自的操作系统，网络操作系统就是把它们有机地联系起来。网络操作系统是负责管理整个网络资源和方便网络用户的软件的集合，是网络系统软件的核心。网络操作系统除具备常规操作系统应具有的功能外，还应具备网络管理功能。

2.网络通信协议

网络通信协议是连入网络的计算机必须遵守的规则和约定，它可以保证数据传送与资源共享顺利完成。网络通信协议是计算机网络通信的语言，规定通信双方交换数据或控制信息的格式、响应及动作，使网络上的计算机之间能够正确、可靠地进行数据传输。

3.网络管理软件

网络管理软件是能够对网络节点进行管理，以保障网络正常运行的管理软件。它可以显示网络通信信息，方便查明设备和网络的性能问题，并能够监测网络的流量。一般来说，网络管理软件具有以下五种功能：配置管理功能、故障管理功能、性能管理功能、安全管理功能与记账管理功能。

4.网络服务软件

网络服务软件是运行于特定的操作系统下、提供网络服务的软件。

5.网络应用软件

网络应用软件是能够与服务器通信、为用户提供网络服务的软件。

三、计算机网络的功能

随着计算机网络技术的飞速发展，其应用越来越广泛，它不再局限于数据通信和资源共享，而是逐渐渗入社会的各个方面，对各国的经济、政治、文化、军事、科学研究产生极大影响，改变了人们的工作方式和生活方式，引起世界范围内产业结构的变化，进一步促进全球信息产业的发展。不同环境下计算机网络应用的侧重点不同，表现出的功能也有差别。总的来说，计算机网络具备以下功能：

（一）资源共享

资源共享是组建计算机网络的最初目的，也是计算机网络飞速发展的主要动力。资源包括硬件、软件和数据。网络硬件资源主要包括大型主机、大容量磁盘、光盘库、打印机、网络通信设备和通信线路、服务器硬件等；网络软件资源主要包括网络操作系统、数据库管理系统、网络管理系统、应用软件、开发工具和服务器软件等；网络数据资源主要包括数据文件、数据库和光磁盘所保存的各种数据。数据包括文字、图表、图像和视频等。数据是网络上最重要的资源。

（二）数据传输

数据传输是计算机网络的基本功能之一。借助计算机网络，不同地区的用户可以快速地相互传送信息，这些信息包括数据、文本、图形、动画、声音和视频等。

（三）提高计算机的可靠性

提高计算机的可靠性表现在计算机网络中的多台计算机可以通过网络相互备用，一旦某台计算机出现故障，其任务可由其他计算机代为完成。如果网络中某一条传输线路出现故障，也可以通过其他无故障线路传递信息，保障网络通信正常运行，从而提高整个网络系统的可靠性。

（四）分布式处理

在计算机网络中，用户可根据需要合理选择网内资源。当需要处理较大型的综合性问题时（如人口普查、火车票售卖等），可以通过一定的算法将负载比较大的作业分解并交给多台计算机进行分布式处理，从而起到均衡负载、提高处理速度的作用。

（五）综合信息服务

计算机网络的应用范围非常广泛，目前，它已经渗透到人们日常生活的各个方面，并发挥着越来越重要的作用。当今社会是信息化社会，这些信息可能是文字、数字、图像、声音或视频。计算机网络能够收集、传送这些信息并对其进行处理。也就是说，综合信息服务成为计算机网络的重要功能。

第二节　计算机网络的拓扑结构
和分类方法

一、计算机网络的拓扑结构

拓扑结构是决定通信网络性质的关键要素之一。"拓扑"一词来源于拓扑学，拓扑学是几何学的一个分支，它把实体抽象成与其大小、形状无关的点，将点到点之间的连接抽象成线段，进而研究它们之间的关系。在计算机网络中，借用这种方法描述网络节点之间的连接方式，具体来说，就是将网络中的计算机和通信设备抽象成节点，将节点与节点之间的通信线路抽象成链路，这样整个计算机网络的物理结构就被抽象成由一组节点和若干链路组成的几何图形。这种计算机网络物理结构的图形化表示方法称为计算机网络拓扑结构，或称网络结构。计算机网络拓扑结构是组建各种网络的基础，不同的网络拓扑结构涉及不同的网络技术，对网络的性能有重要影响。

计算机网络的拓扑结构，按通信系统的传输方式可分成两大类：点对点传输结构和广播式传输结构。

（一）点对点传输结构

所谓点对点传输，就是"存储—转发"传输。每条物理线路连接一对节点，没有直接链路的两节点之间必须经其他节点转发才能通信。点对点传输结构通常为远程网和大城市网所采用，网络的拓扑结构有星形、环形、树形和网状等。

1.星形拓扑结构

星形拓扑结构以一台计算机为中心机，并用单独的线路使中心机与其他各节点相连，任何两节点之间的数据传输都要经过中心机的控制和转发。中心机控制着全网的通信，故中心机的可靠性是至关重要的，它的故障可能会导致整个网络瘫痪。星形拓扑结构的优点是拓扑结构简单，易于组建和管理，对外围节点要求不高，增加节点的成本低；节点故障容易检测和隔离，单个站点的故障只影响一个设备，不会影响全网。以集线器为中心的局域网是常见的星形拓扑结构网络。

2.环形拓扑结构

环形拓扑结构中各计算机节点通过环路接口连接到一条首尾相连的闭环通信线路中，任意两个节点之间的通信必须通过环路。在环形拓扑结构中，该环路是共用的，单条环路只能进行单向通信。环路中各节点的地位和作用是相同的，因此容易实现分布式控制。环形拓扑结构的优点是传输控制机制较为简单，传输速率高；缺点是可靠性差，当环路上的一个节点出现故障时，整个网络都可能瘫痪。在某些环形拓扑结构网络中，人们为了提高可靠性而采用双环结构，一旦节点出现故障，就会自动启动备份环工作。由于环形拓扑结构网络独特的优势，它被广泛地应用在分布式处理中。

3.树形拓扑结构

树形拓扑结构是一种分级结构，节点按层次进行连接。计算机网络中有一个顶层的节点（树根节点），其余节点按上、下层次进行连接，数据传输主要在上、下层节点之间进行，同层节点之间的数据传输要经上层转发。树形拓扑结构的优点是灵活性好，通信线路连接简单，维护方便；树根节点具有统管整个网络的能力，而且可以逐层次扩展网络。其缺点是资源共享能力差，可靠性低，若某一个子节点出现故障，则和该子节点连接的所有终端均会受到影响。

4.网状拓扑结构

网状拓扑结构是由分布在不同地点的多个节点相互连接而成的。网状拓扑结构无严格的布点规定和构型，节点之间有多条线路可供选择，当某一线路或节点出现故障时，整个网络仍可继续工作，具有较高的可靠性，而且资源共享方便，数据传输快。网状拓扑结构的缺点是网络管理软件比较复杂，硬件成本较高。一般情况下，网状拓扑结构常被用于广域网中，可以实现广域网主要节点之间的高速通信，但在局域网中很少采用网状拓扑结构。

（二）广播式传输结构

在广播式传输结构中，多个网络节点共享一个公共的传输介质。这样，任何一个计算机向网络系统发送信息时，连接在这个公共的传输介质上的所有计算机均可以接收到，因而这种方式又称为共享链路的拓扑结构。广播式传输结构主要有总线型拓扑结构、无线型拓扑结构和卫星通信型拓扑结构三种。

1.总线型拓扑结构

在总线型拓扑结构中，网络中所有节点连接到一条共享的传输介质上，所有节点通过这条传输介质发送和接收数据。任意一个节点发送的数据都能被传输介质上的其他节点接收到，这条传输介质就称为总线。

由于共用同一条传输介质，因此必须有一种介质访问控制方法，以使任一时刻只允许一个节点使用链路发送数据，而其余的节点只能"收听"数据。以太网就是典型的总线型拓扑结构网络，它采用的介质访问控制方法叫作载波监听多路访问/冲突检测控制机制。在这种结构中，节点的插入或拆卸是非常方便的，易于网络扩充。另外，网络上的某个节点发生故障时，对整个系统的影响很小，所以网络的可靠性较高。

2.无线型拓扑结构

无线型拓扑结构的主要特点是采用同一频率的无线电波作为公用链路，网络中的各节点均通过"广播"的方式发送数据。

3.卫星通信型拓扑结构

在卫星通信型拓扑结构网络中，卫星是所有数据的转发中心。当一个节点需要给另一节点发送数据时，发送节点将数据发送给卫星，由卫星中转给接收节点。

二、计算机网络的分类方法

计算机网络系统是非常复杂的，其分类方法是多种多样的，不同类型的网络在性能、结构、用途等方面也是有区别的。事实上，这些不同的分类方法对网络本身并无实质的意义，只反映人们研究网络的不同角度。从不同的角度划分网络系统，有助于全面了解网络系统的特性。

（一）按网络的覆盖范围进行分类

根据网络覆盖范围的不同，计算机网络可以分为个人域网、局域网、城域网和广域网。

1.个人域网

个人域网（personal area network, PAN）的通信距离一般在 10 m 以内，通常采用无线通信的方式。目前常见的个人域网有蓝牙、紫蜂等。蓝牙主要用于无线设备（如无线鼠标、无线耳麦）与计算机或手机的近距离通信，紫蜂主要用于无线传感器之间或者智能物品之间的近距离通信。

2.局域网

局域网（local area network, LAN）的作用范围为 2～10 km，而且整个网络分布在某个单位的管辖范围内，因此可以实现自主布线。常见的局域网是以太网，在实际应用中人们常常通过连接多个以太网来构建校园网。用以太网构建校园网时，由于可以自主布线，光缆和双绞线均可以自主铺设，不需要经过市政部门的许可。

3.城域网

城域网（metropolitan area network, MAN）的作用范围是某个城市。由于城域网节点之间的物理链路跨越市区，因而除大型的电信部门外，一般单位不具有跨市区铺设光缆或电缆的能力。因此，城域网往往是电信部门组建的公共传输网络。如果将以太网用作城域网，则要购买用于连接以太网交换机的光纤。

4.广域网

广域网（wide area network, WAN）的作用范围可以是一个省、一个国家，甚至全球。广域网往往是大型的电信部门组建的公共传输网络。

需要强调的是，互联网是由多级网络组成的，这些网络中有局域网、城域网和广域网，人们通常用局域网构建校园网和企业网，用城域网构建本地互联网服务提供者（Internet service provider, ISP）网络，用广域网构建主干 ISP 网络。各个单位构建的企业网接入互联网的过程如下：各个单位先用局域网连接单位内的终端，然后用宽带接入技术接入本地 ISP 网络，由本地 ISP 网络将分布在城市各个位置的宽带接入点连接在一起，即用主干 ISP 网络连接多个本地

11

ISP 网络。

（二）按网络的交换方式进行分类

按网络的交换方式进行分类，计算机网络可分为电路交换网、报文交换网和分组交换网。

1. 电路交换网

电路交换与传统的电话转接非常相似，即在两台计算机开始通信时，必须申请建立一条从发送端到接收端的物理线路，在通信过程中自始至终使用这条线路进行信息传输，直至传输完毕。由于不可能在任意两台计算机之间铺设一条线路，所以当多对计算机之间同时要求通信时，电路交换方式这种独占信道的特性使线路的利用率不能得到有效提升，经常造成"拥塞"。

2. 报文交换网

报文交换是随着计算机功能的增强，转接交换机由过去公共电话网的机械设备变为具有存储功能的程控设备。在通信开始时，发送端计算机发出的报文被存储在交换机中，交换机根据报文的目的地址选择合适的路径发送。因此，报文交换方式也被称为"存储—转发"方式。

3. 分组交换网

通常，一个报文包含的数据量较大，转接交换机需要有较大容量的存储设备，而且需要的线路空闲时间也较长，实时性差。因此，在报文交换的基础上人们又提出了分组交换。在分组交换中，发送端先将数据划分为一个个等长的单位（即分组），这些分组逐个由各中间节点采用"存储—转发"方式进行传输，最终到达接收端，并由接收端把接收到的分组拼装成一个完整的报文。由于分组长度有限而且统一，分组可以在中间节点的内存中进行存储处理，从而大大提高其转发速度。

（三）按网络的用途进行分类

按网络的用途进行分类，计算机网络可分为公用网和专用网。

1.公用网

公用网也称为公众网或公共网，是指为公众提供公共网络服务的网络。公用网一般由电信公司出资建造，并由电信部门管理，网络内的传输和转接装置可提供给任何部门和单位使用（需交纳相应费用）。公用网属于国家基础设施。

2.专用网

专用网是指政府部门或企事业单位组建经营的、仅供本部门或单位使用的网络，如军队、民航、铁路、电力、银行等系统均有其内部的专用网。一般较大范围内的专用网需要租用电信部门的传输线路。

（四）按网络的连接范围进行分类

按网络的连接范围进行分类,计算机网络可分为互联网、内联网和外联网。

1.互联网

互联网是指将各种网络互联起来形成的一个大系统。在该系统中，任何一个用户都可以使用网络上的资源。目前，互联网在全球范围都得到了发展，包含了成千上万个相互协作的组织及网络的集合。

2.内联网

内联网是基于互联网的传输控制协议/互联网协议（transmission control protocol/Internet protocol, TCP/IP），采用防止入侵的安全措施，为企业内部服务，并有连接互联网功能的企业内部网络。内联网是根据企业内部的需求而设置的，它的规模和功能是根据企业经营和发展的需求确定的。可以说，内联网是更小版本的互联网。

3.外联网

外联网是指基于互联网的安全专用网络，其目的在于利用互联网把企业和其贸易伙伴的内联网安全地互联起来，以便企业与其贸易伙伴共享信息资源。从技术角度讲，外联网是在保证信息安全的同时扩大访问范围的网络；从企业角度讲，外联网是将企业及其供应商、销售商、客户联系在一起的合作网络。

第三节　计算机网络的通信协议
和体系结构

计算机网络的通信是一个非常复杂的过程，因此通信双方都应遵循一定的规则。这里所说的规则，就是网络通信协议。

一、计算机网络通信协议

计算机网络通信协议是一组规则的集合，是进行交互的通信双方必须遵守的约定。在网络系统中，为了保证数据通信双方能正确、自动地进行通信，针对通信过程中的各种问题（如通信内容、通信方式及通信时间等方面）而制定的一整套约定就是网络系统的通信协议。网络通信协议是一套语义和语法规则，用来规定有关功能部件在通信过程中的操作。

（一）计算机网络通信协议的组成

一般来说，一个网络通信协议由语法、语义和同步三个要素组成：①语法是数据与控制信息的结构或格式，如数据格式、编码、信号电平等；②语义是用于协调和进行差错处理的控制信息，如需要发出何种控制信息、完成何种动作及做出何种应答等；③同步是对事件实现顺序的详细说明，如采用同步传输或异步传输方式实现通信速度匹配、排序等。

（二）计算机网络通信协议的特点

1.计算机网络通信协议具有层次性

由于网络系统的体系结构具有层次性，网络通信协议也采用结构化的设计，其实现技术被划分为多个层次，在每个层次内又可以被分成若干个子层次。协议各层之间有高低之分，每一个相邻的层次都有接口，较低层向高层提供服务，较高层又是在较低层的基础上提供更高级的服务的。

2.计算机网络通信协议具有可靠性和有效性

如果通信协议不可靠，就会造成通信混乱或中断。只有通信协议有效，才能实现网络系统内各种资源的共享。不同结构的网络、不同厂家的网络产品，各自使用不同的协议，但在连入公共计算机网络时，必须遵循公共的协议标准，否则就不能互相连通。一个功能完善的计算机网络需要制定一套复杂的协议集合，对于这种协议集合，最好的组织模式是分层次的网络体系结构。

二、计算机网络体系结构

由于网络通信协议包含的内容很多，为了减少设计上的复杂性，计算机网络一般采用结构化的分层体系结构。所谓结构化，就是指将一个复杂的系统设计问题分解成一个个容易处理的子问题，然后加以解决。这些子问题既相对独立，又相互联系。在这种分层结构中，每层都执行自己所承担的任务，而且每层都是建立在它的前一层的基础上的。层与层之间有相应的通信协议，相邻层之间的通信约束称为接口。在分层处理后，上层系统只需要利用下层系统提供的接口和功能进行通信，不需要了解下层系统实现该功能所采用的算法和协议，这称为层次无关性。上、下层之间的关系是下层对上层服务，上层是下层的用户。

计算机网络的各层和在各层上使用的全部协议称为网络系统的体系结构。体系结构是比较抽象的概念，可以用不同的硬件和软件实现这样的结构。网络系统体系结构分层的优点如下：

①独立性强。独立性是指具有相对独立功能的每一层，它不必知道下一层是如何实现的，只需要知道下一层通过层间接口提供的服务是什么、本层向上一层提供的服务是什么就可以了。

②功能简单。系统经分层后，整个复杂的系统被分解成若干个范围小的、功能简单的部分，使每一层功能简单。

③适应性强。当任何一层发生变化时，只要层间接口不发生变化，这种变化就不会影响其他任何一层，这就意味着可以对分层结构中的任何一层的内部进行修改而不影响其他层。

④易于实现和维护。分层结构使实现和调试一个庞大而复杂的网络系统变

得简单。

⑤结构可分割。即被分层后各层的功能均可以最佳的技术手段实现。

⑥易于交流和有利于标准化。

（一）ISO/OSI 体系结构

为了实现异种计算机互联并满足信息交换、资源共享、分布处理和分布应用的要求，客观上需要网络体系结构由封闭式走向开放式，建立一个在国际上共同遵循的网络体系结构。国际标准化组织（International Organization for Standardization, ISO）于 1978 年正式提出"开放系统互连参考模型"（open systems interconnection reference model, OSI-RM）。该模型将网络通信按功能划分为 7 个层次，并定义各层的功能、层与层之间的关系以及相同层次的两端的通信方式等，这是一个计算机互联的国际标准。所谓开放，是指任何不同的计算机系统，只要遵循 OSI 标准，就可以与同样遵循这一标准的任何计算机系统通信。

OSI 参考模型将网络体系结构按功能划分为 7 个较小的易于管理的层：物理层、数据链路层、网络层、传输层、会话层、表示层和应用层。各层相对独立、互不影响。

1.物理层

物理层是 ISO/OSI 分层结构体系中的最底层，也是最基础的一层，是实现设备之间连接的物理接口。物理层定义了数据编码和比特流同步，确保了发送方和接收方之间的正确传输；定义了比特流的持续时间以及比特流在通信介质上传输的电和光信号的方式；定义了线路接到网卡上的方式。

2.数据链路层

数据链路层负责通过物理层从一台计算机到另外一台计算机无差错地传输数据帧。电气电子工程师学会将数据链路层分成逻辑链路控制和介质访问控制两个子层。逻辑链路控制子层管理单一网络链路上设备间的通信，介质访问子层管理访问网络介质的协议。

3.网络层

网络层也称通信子网层，是通信子网的最高层，也是高层与低层协议之间的接口层。网络层主要提供路由交换及其相关的功能，为高层协议提供面向连接服务和无连接服务。网络层一般是路由选择协议，但也有其他协议。

4.传输层

传输层又称运输层，其主要任务是向用户提供可靠的端到端服务。它向高层屏蔽了下层数据通信的细节，因而是计算机通信体系结构中关键的一层。该层关心的主要问题是建立、维护和中断虚电路，传输差错校验与恢复，信息流量控制等。

5.会话层

会话层允许不同计算机上的两个应用程序建立、使用和结束会话连接。通信会话包括发生在不同网络间的请求服务和应答服务，这些请求和应答通过会话层的协议实现。

6.表示层

表示层确定计算机之间交换数据的格式，可称为网络转换器。在发送计算机方，表示层将应用层发送过来的数据转换成可识别的中间格式；在接收计算机方，表示层把中间格式转换成可以理解的格式。具体而言，表示层负责协议转化、数据加密与解密、数据压缩和数据转换等。

7.应用层

应用层是最接近终端用户的 ISO/OSI 网络体系结构的一层，它与用户之间是通过软件实现的，这类应用程序超出了 OSI 参考模型的范畴。应用层的功能主要有文件传输、数据库访问等。

OSI 参考模型定义了不同计算机互联标准的框架结构，得到了国际上的承认。它通过分层结构把复杂的通信过程分成了多个独立的、比较容易解决的子问题。在 OSI 参考模型中，下一层为上一层提供服务，而各层内部的工作与相邻层是无关的。

（二）TCP/IP 体系结构

OSI 参考模型虽然是国际标准，但是至今仍未广泛应用，主要原因是 OSI 协议过于复杂，协议分层过多，实现起来比较困难，协议制定的周期过长，缺乏市场竞争力。还有一个主要原因就是在制定 OSI 标准的时候，TCP/IP 作为一个互联网协议早已成为一个工业产品，TCP/IP 已经实现了网络互联，在互联网上得到了广泛应用。

TCP/IP 是国际互联网的协议簇，也是一种分层的结构，共分为 4 层，自下而上依次为网络接口层、互联网层、传输层和应用层。其中，网络接口层对应于 OSI 参考模型的第一层（物理层）和第二层（数据链路层），互联网层对应于 OSI 参考模型的第三层（网络层），传输层对应于 OSI 参考模型的第四层（传输层），应用层对应于 OSI 参考模型的第五层（会话层）、第六层（表示层）和第七层（应用层）。

1.网络接口层

在 TCP/IP 分层体系结构中，网络接口层是最底层，负责通过网络发送和接收 IP 数据报。由于网络接口层完全对应于 OSI 参考模型的物理层和数据链路层，因此其协议也与 OSI 参考模型的物理层和数据链路层的协议基本相同。

2.互联网层

互联网层主要为源计算机和目的计算机之间提供点到点的通信服务。它的主要任务是为所传输的数据选择路由，在一个或多个路由器相连接的网络中将数据传输到目的地。互联网层主要的协议是 IP 协议，其主要功能为管理 IP 地址、选择路由和分片与重组数据包等。

3.传输层

传输层中的 TCP 提供了一种可靠的传输方式，解决了 IP 的不安全问题，为数据包正确、安全地到达目的地提供了可靠的保障。

4.应用层

应用层包含所有高层协议，主要包含用户与网络的应用接口以及数据的表示形式。

（三）OSI 与 TCP/IP 体系结构的比较

OSI 参考模型在计算机网络的发展过程中起到了非常重要的指导作用，作为一种参考模型和完整的网络体系结构，它仍对今后计算机网络技术朝着标准化、规范化方向发展具有指导意义。但是，OSI 参考模型设计者的初衷是让其作为全世界计算机网络都遵循的标准，但这种情况并没有发生，而是 TCP/IP 体系结构逐渐在市场上占据了支配地位。究其原因，一是 OSI 参考模型的制定周期太长，当 TCP/IP 已经成熟并通过测试时，OSI 参考模型还处在发展阶段；二是 OSI 参考模型的设计过于复杂，层次划分也不完全合理。

OSI 参考模型采用了 7 个层次的体系结构，而 TCP/IP 体系结构只划分了

4 个层次。值得注意的是，在一些问题的处理上，TCP/IP 与 OSI 是很不相同的。例如：

①TCP/IP 一开始就考虑到多种异构网互联的问题，并将 IP 作为 TCP/IP 的重要组成部分。但 ISO 只考虑到使用一种标准的公用数据网将各种不同的系统连接起来。

②TCP/IP 一开始就考虑面向连接的服务和无连接的服务并重，但是 ISO 在开始时只考虑面向连接的服务，最后才考虑面向无连接的服务。

③TCP/IP 有较好的网络管理功能，而 ISO 到后来才考虑这个问题。

当然，TCP/IP 也有不足之处。例如，TCP/IP 没有将"服务""协议""接口"等概念清楚地区分开。因此，在使用一些新技术设计新网络时，采用这种模型会遇到一些麻烦。另外，它的通用性较差，很难用它描述其他种类的协议栈。此外，TCP/IP 的网络接口层严格来说并不是一个层次，而仅仅是一个接口，缺少具有重要作用的数据链路层和物理层。

第四节　计算机网络的应用领域

当一种新技术出现后，及时了解并将这种新技术应用到其他专业领域，就可能使这一领域发生革命性的变化，并催生新的产业。例如，当人们将互联网应用到传统产业中时，就催生出电子商务、互联网金融等产业。

一、企业信息网络

企业信息网络是指专门用于企业内部信息管理的计算机网络，它一般为一个企业所专用，覆盖企业生产、经营、管理的各个部门，在整个企业范围内实现硬件、软件和信息资源的共享。

在企业信息网络中，作为网络工作站的微型计算机负责提供业务职能信息，并进行日常业务数据的采集和处理，而网络的控制中心和数据共享与管理中心则由网络服务器或一台功能较强大的中心主机负责。对于分布广泛的分公司、办事处、库房等异地业务部门，企业可根据其业务管理的规模和信息处理的特点，通过远程仿真终端、网络远程工作站或局域网实现彼此的连接。

企业信息网络是企业实现有效管理的基础。借助企业信息网络，企业可以对分布于各地的业务进行及时、统一的管理，并实现全企业范围内的信息共享，从而大大提高企业在市场上的竞争力。

二、联机事务处理

联机事务处理是指利用计算机网络，将分布在不同位置的负责业务处理的计算机设备或网络与业务管理中心的网络相连，以便在任何一个网络节点上都可以进行统一、实时的业务处理活动或为客户提供服务。

联机事务处理技术在金融、证券、期货以及信息服务等系统中得到了广泛应用，例如，金融系统中的网上资金清算与划拨、互联网金融等业务；再如，在期货、证券交易网上，遍布全国的会员公司可以通过计算机进行查询、报价、交易、结算等操作；又如，利用联机事务处理技术，民航订、售票系统在全国甚至全球范围内都能为客户提供民航机票的预订和售票服务。

三、电子邮件系统

电子邮件系统是在计算机网络的数据处理、存储和传输等功能的基础上构建的一种非实时的通信系统。

电子邮件系统的基本原理如下：在计算机网络主机或服务器的存储器中为每一个用户建立一个电子邮箱，并赋予其一个邮箱地址；邮件发送者在计算机网络工作站（如个人计算机）上对邮件进行编辑，并确定收件人的电子信箱地址；邮件发出后，网络通信设备根据邮件中的地址，确定最佳的传输路径，将邮件传输到收件人所在的网络主机或服务器上，并存入相应的邮箱中；收件人随时通过网络工作站打开自己的邮箱，查阅收到的邮件。

先进的电子邮件系统可以提供多种类型的电子邮件服务，并且支持数据、文字、语音、图像等多媒体邮件，还可以将各种各样的程序、数据文件作为邮件的附件随电子邮件发送。因此，电子邮件系统可以形成许多基于电子邮件的网络应用。

目前，全球范围内的电子邮件服务都是由基于分组交换技术的数据通信网络提供的。随着计算机网络技术的发展和网络用户的增加，电子邮件系统将逐渐代替传统的信件投递系统。

四、电子数据交换系统

电子数据交换（electronic data interchange, EDI）系统是以电子邮件系统为基础扩展而来的一种专用于贸易业务管理的系统，它通过计算机网络使商贸业务中的贸易、运输、金融、海关和保险等相关业务信息在贸易合作者的计算机系统之间快速传递，最终完成以贸易为中心的业务处理过程。

EDI 系统可以取代以往的书面贸易文件和单据，因此它有时也被称为无纸贸易。EDI 系统的应用以经贸业务文件、单证的格式标准和网络通信的协议标准为基础。EDI 系统的主要处理对象是商贸信息，如订单、发票、报关单、进出口许可证、保险单和货运单等规范化的商贸文件，它们的格式标准决定了EDI 信息可以被不同贸易伙伴的计算机系统识别。

五、基于位置的服务

基于位置的服务是运营商通过无线电通信网络或外部定位的方式获取移动终端用户的位置信息，并在地理信息系统平台的支持下，为用户提供相应服务的一种增值业务。它包括两层含义：一是确定移动设备或用户所在的地理位置；二是提供与位置相关的各类信息服务。

从总体上看，基于位置的服务由移动通信网络和计算机网络结合而成，两个网络之间通过网关实现交互。移动终端通过移动通信网络发出请求，经过网关传递给服务平台，服务平台根据用户请求和用户当前的位置进行处理，并将结果反馈给用户。

　　在具体应用中，基于位置的服务可以根据应用对象和目的分为不同的模式，如休闲娱乐模式、生活服务模式、社交模式和商业模式等。休闲娱乐模式主要包括签到模式和大富翁游戏模式等。生活服务模式主要用于搜索周边的生活服务，或与旅游业相结合，帮助人们分享旅游心得；生活服务模式还可以采用会员卡与票务模式，实行一卡制，捆绑多个会员卡的信息，充分地为用户提供服务。社交模式包括即时通信，以及建立以地理位置为基础的小型社区等。商业模式既可以通过团购的方式让用户参加优惠活动，又可以为用户推送基于地理位置的优惠信息。

第二章　网络互联技术
与无线网络技术

第一节　网络互联技术

随着计算机网络技术的快速发展以及网络应用的不断普及，单个的网络已经不能满足网络应用的需要。不同网络用户之间的数据传输以及网络资源共享的需求，都促进了网络互联技术的快速发展。网络互联技术可以使同构或者异构的多个网络相连，从而实现大范围的资源共享和数据通信。根据 OSI 体系结构的分层原则以及各层的协议标准，不同的网络设备在不同的层次工作，并能根据网络协议实现物理或者逻辑上的互联，使其在同一个网络平台上运行。总之，借助不同的网络互联技术，人们可以构建规模庞大的网络系统，实现多种功能。

一、网络互联的概念及优势

（一）网络互联的概念

网络互联是指通过一定的方法，将分布在不同地理位置的网络，用一种或多种网络互联设备连接起来，以形成更大规模的网络系统，实现网络之间的数据通信和资源共享。为了提高网络的性能，也可以将规模较大的网络划分成若干个子网或者网段，子网或者网段之间的互联也称为网络互联。

（二）网络互联的优势

随着计算机网络技术的快速发展，各个网络之间的互联显得尤其重要。网络互联的优势主要表现在以下几个方面：

1.提高网络性能

随着网络规模的扩大，网络中广播包的数量也在逐渐增多，导致网络的安全性能变差。将一个较大规模的局域网分割成多个局域网，且多个局域网之间通过网络设备互相连接，能大大提高整个网络的性能。

2.扩大网络的覆盖范围

局域网在传输数据时一般有距离限制，网络互联可以增加数据的传输距离、扩大网络的覆盖范围。

3.降低联网成本

当某个区域的多台主机需要接入另一个区域的网络时，可以采用让多台主机先行连接网络，再通过网络互联的方式，达到网络接入的目的，从而降低联网成本。

4.提高网络的可靠性

当有设备发生故障时，通过划分子网,可以有效缩小其对网络的影响范围，提高网络的可靠性。

二、网络互联的类型与层次

（一）网络互联的类型

计算机网络根据覆盖范围可以划分为广域网、城域网和局域网，所以根据计算机网络的类型，网络互联可分为以下三种形式：

1.局域网与局域网的互联

在实际应用中，局域网与局域网之间的互联较为常见，它可以分为同类型局域网之间的互联以及不同类型局域网之间的互联。例如，以太网与以太网之间的互联就属于同类型局域网之间的互联，而以太网与异步传输方式（asynchronous transfer mode, ATM）网络之间的互联则属于不同类型局域网之间的互联。在局域网与局域网的互联中，常见的网络设备有集线器、交换机和路由器等。

2.局域网与广域网的互联

局域网与广域网之间的互联也比较常见，其可以扩大数据的通信范围。在局域网与广域网的互联中，常见的网络设备包括路由器、三层交换机等。

3.广域网与广域网的互联

广域网与广域网的互联一般要通过政府通信部门进行，比较典型的有因特网。在广域网与广域网的互联中，常用的网络设备是支持异种协议的路由器。

（二）网络互联的层次

网络互联的层次性很强，不同层次之间互联的实现方式不同。根据通信协议来划分，网络互联可以分为以下四个层次：

1.物理层

物理层主要采用比特流的形式进行数据传输，物理层之间的互联能够实现信息从一种传输介质到另一种传输介质的转换。物理层之间的互联，主要用于不同区域各局域网之间的互联，并且要求各局域网有相同的数据链路层协议以及数据传输速率。用于物理层之间的网络互联设备主要有中继器、集线器等。

2.数据链路层

数据链路层在数据传输时以数据帧为单位，其实现过程如下：当从一条链路上接收到数据帧以后，首先对其数据链路层协议进行检查，如果数据帧的格式相同，则直接进行数据传输，否则就要对数据帧格式进行转换，然后进行传输，其传输过程与网络层的协议无关。数据链路层之间常用的网络互联设备有网桥、二层交换机等。

3.网络层

网络层之间常用的网络互联设备有路由器、三层交换机等。网络层之间的互联可以解决在数据传输时出现的拥塞控制、差错控制以及路由选择等问题。网络层之间的互联一般用于广域网的互联。

4.传输层及以上高层

高层之间的互联比较复杂，没有统一的协议标准，所以其核心就是不同协议之间的转换，以实现端到端之间的通信。传输层及以上高层之间常用的网络互联设备是网关。

三、网络互联设备

网络互联设备是实现网络互联的关键，分别对应 OSI 参考模型的不同层次，有着不同的功能及应用环境。

（一）中继器

中继器又称为转发器，是最简单的网络互联设备。中继器在 OSI 参考模型的第一层，即物理层。在数据传输过程中，无论采用什么样的传输介质或拓扑结构，都会因线路损耗及距离的增加而导致信号衰减，从而产生信号失真、接收错误等情况。中继器则可以改善这种情况，进一步扩大传输距离。

中继器主要用于相同类型的网段之间的互联，其主要功能是在物理层内部实现透明的比特流信号的再生，即在接收到比特流信号以后，对其进行放大，然后传输到另一个网段中。但中继器只是实现了比特流从一个物理网段到另一个物理网段的复制，并不关注数据帧的地址及路由信息，不具备错误检查及纠正功能，甚至会将错误传入另一个网段，容易造成传输延时。另外，中继器不能有效隔离网段上不必要的流量信息，因为它在放大网络信息的同时，也放大了其中的有害噪声。

使用中继器时需要注意以下三点：①在网络中，当节点数目增多或者传输信息量增加时，可能会出现网络拥堵的情况；②两个网段在使用中继器进行互联时，仍然处于同一个广播域及冲突域中；③中继器在使用的时候一般有次数限制，一个网络中最多可以使用 4 个中继器，用于 5 个网段的互联。

（二）集线器

集线器是一种比较常见的网络互联设备，与中继器一样，工作在物理层，其本质是多个端口的中继器。连接集线器各个端口的计算机通过共享带宽的方式传输数据，属于共享型网络。

集线器通常采用 RJ-45 的标准接口，使用双绞线作为传输介质，计算机或其他终端设备可以通过非屏蔽双绞线（unshielded twisted pair, UTP）与集线器进行连接。在集线器内部，各个端口通过背板总线连接在一起，构成一个逻辑上的共享总线。基于集线器构建的局域网，仍处于同一个冲突域和广播域。通过集线器，网络中各个节点之间能够进行数据的通信。

集线器的功能有：①冲突检测功能。集线器中所有的端口共享带宽，当某一时刻多个端口同时传输数据时，就会产生冲突。②放大整形功能。集线器能够对接收到的信号进行放大、整形处理，扩大网络的传输范围。③扩展端口功能。④转发数据功能。⑤介质互联功能。

集线器主要有以下三种类型：

1.独立型集线器

独立型集线器比较常见，其带有多个端口，且具有价格低、易排查等特点。独立型集线器一般没有管理功能，其在小型的局域网中应用广泛。

2.堆叠式集线器

堆叠式集线器通过一条高速链路将多台集线器的内部总线连接起来，这些集线器可以作为一个设备来进行管理。堆叠式集线器安装起来比较简单，成本较低。

3.模块化集线器

模块化集线器带有多个卡槽,一般配有机架,每个卡槽内能够安装一块通信卡,每个通信卡相当于一个独立的集线器。常用的模块化集线器的卡槽有4~14个,以方便扩大网络规模。

(三)网桥

网桥又称桥接器,是工作在数据链路层的网络互联设备,用于不同链路层协议、不同传输速率与不同传输介质的网络之间的互联。当网桥在两个局域网的数据链路层之间传输数据帧时,可以有不同媒体访问控制协议。

网桥在使用时没有个数限制,利用网桥可以实现较大范围内局域网之间的互联。在数据传输时,网桥具有接收数据、过滤地址、转发数据等功能。网桥收到数据帧以后,首先读取其地址信息,如果数据帧的目的地址与源地址属于同一网段,则将其过滤掉,不对其进行转发;如果数据帧的目的地址与源地址不属于同一个网段,则向相应的端口进行转发。这样能够有效提高网络的利用带宽。

1.网桥的功能

网桥能够在互联的局域网之间实现数据帧的存储与转发,或者在数据链路层上进行协议转换,其具体功能如下:

第一,网桥具备对数据帧进行格式转换的功能。

第二,网桥能够实现不同网速的匹配,实现不同传输速率、不同传输介质网络之间的互联,但传输信息的网络在数据链路层上需采用兼容或相同的协议。

第三,网桥可通过将较大的局域网分割成若干个较小局域网的方式,有效地分割广播的通信量，从而提高网络性能。

第四，网桥具备对接收到的数据帧的源地址与目的地址进行检测的功能，若目的地址是本地网络的，则删除；若目的地址不是本地网络的，则进行转发。它能过滤掉不需要在网络之间传输的信息，减轻网络的负荷。

第五，网桥能够实现较远距离局域网之间的互联，不仅能够扩大网络的地址范围，而且能够提高网络带宽。

2.网桥的分类

网桥有不同的分类方法，根据工作原理可以分为透明网桥和源路由网桥两种。

（1）透明网桥

透明网桥是一个具备"自学"能力的设备，它能够根据每个节点在网络中的地址来确定传输路径，并采取自学算法来建立和更新生成树协议（spanning tree protocol, STP）。透明网桥对于通信的双方是完全透明的，在数据传输时，由网桥自己决定传输路径。透明网桥比较简单，但要改变现有网络的软硬件，使其便于安装。

（2）源路由网桥

此类网桥在数据传输时由源节点负责路由信息，即源节点在发送数据时，要求在数据帧的首部带上详细的路由信息，网桥根据此路由信息转发数据帧。源路由网桥的主要特点是可以选择最佳路径，但在网络规模较大时容易发生拥塞现象，一般用于令牌环网。

另外，根据使用范围，网桥还可以分为本地网桥和远程网桥，本地网桥一般用于局域网之间的连接，远程网桥则具备连接广域网的能力。

（四）交换机

传统以太网主要采用集线器进行网络互联，不支持多种速率的数据传输。集线器在网络内以共享一根传输介质的形式进行数据传输。当某一时刻在任意两个节点之间进行数据传输时，将独占传输介质。随着网络中节点数量的增加，网络冲突的概率将会增加，从而导致网络带宽利用率下降。

交换机则是在需要进行传输数据的端口之间建立一个专用的传输通道，数据帧从入口进入交换机，从出口传出，以完成数据之间的交换。交换机可以同时在多对传输的端口之间建立通道，当两个以上的节点需要发送数据时，只要目的节点不同，就可以同时进行。由于使用的通道互不相干，所以在数据传输时不会发生冲突。

交换机与集线器的区别如下：

第一，传输模式不同。当使用集线器在网络中某个端口进行数据帧传输时，所有端口都能收到该数据帧，安全性较差，当接入设备过多时，网络性能也会受到影响；交换机在进行数据帧的传输时，只在传输数据的两个端口之间建立独立的传输通道，并完成数据的转发，而不是将数据帧发送到所有端口。

第二，占用带宽不同。集线器无论有多少个端口，同一时刻只能在两个端口之间进行数据传输，而交换机在任何两个端口之间建立的都是独立的传输通道。因此，集线器的工作方式是共享带宽，交换机的工作方式则是独享带宽。

（五）路由器

路由器工作在 OSI 参考模型的网络层，主要用于实现相同类型或者不同类型网络的互联，并为各个网络之间的数据分组进行路由选择及数据转发。

1.路由器的功能

路由器能够实现两个或两个以上逻辑上相互独立的网络之间的连接,其主要功能如下:

（1）地址映射功能

路由器能够实现网络的逻辑地址与物理地址之间的映射。

（2）数据转换功能

路由器能够实现数据报的分段以及重组。

（3）路由选择功能

路由器能够分析接收到的数据报的目的地址,并根据某种路由策略,从路由表中寻找最佳路由进行转发。

（4）协议转换功能

路由器能够支持不同的网络层协议并建立不同的路由表,从而实现不同网络层协议的转换。

（5）网络隔离功能

路由器能够过滤网络间的信息,并有效避免广播风暴,提高网络的安全性。此外,路由器还可以作为网络防火墙。

（6）流量控制功能

路由器能够控制收发双方的数据流量,通过优化的路由算法均衡网络负载,从而有效避免因网络堵塞而出现的网络性能下降问题。

2.静态路由和动态路由

路由是指分组从源到目的地时,决定端到端路径的网络范围的进程,它可以分为静态路由和动态路由。路由选择是根据路由表进行的,其中路由表是在网络组建完成以后,路由器根据网络拓扑情况"自学"得到的。路由表除了可以通过路由器"自学"建立，还可以由网络管理人员自行设定。

（1）静态路由

静态路由是由网络管理人员根据网络的连接情况进行人工配置生成的，其中数据的传输是按照网络管理人员事先设定的路径进行的。静态路由能够减少路由器的开销，但是如果在网络情况比较复杂的环境下，或当网络的拓扑结构发生变化时，网络管理人员则需要手动修改路由表中的信息，工作量也会大大增加。另外，静态路由的配置比较固定，不能适应网络的动态变化。所以，静态路由一般适用于拓扑结构固定、网络规模不大的网络环境。静态路由在所有的路由当中优先级最高，即当动态路由与静态路由冲突时，以静态路由为准。

（2）动态路由

动态路由能够不断适应网络的变化，当网络拓扑结构发生变化时，动态路由能够通过自身的学习，自动对路由表信息进行更新，所以动态路由灵活性比较强，一般适合于网络规模大、拓扑结构复杂的网络环境。网络中的状态信息一般是不断变化的，所以不同时间段所采集到的网络信息可能不一样，所提供的最优路径也可能不同。

（六）网关

网关又称为协议转换器或网间连接器，主要用于网络层以上的网络之间的互联，是网络层以上的互联设备的总称。网关一般设在服务器、大型机上，功能强大，并且和某些应用相关，所以价格比路由器贵。网关是最复杂的网络互联设备，它的传输速度一般低于路由器和交换机。网关既可以用于局域网之间的互联，也可以用于广域网之间的互联。

　　网关是硬件和软件的结合，硬件能够提供不同网络之间的接口，软件能够实现不同互联网协议之间的转换。当不同结构的网络中的主机之间互相通信时，网关相当于一个翻译器，其具备对不同网络协议进行转换的能力，从而能实现异构设备之间的通信。

　　一般来说，网关的功能主要有以下五点：

　　一是实现地址格式的转换。当不同结构的网络进行通信时，网关可以进行地址格式的转换，以便于寻址以及选择路由。

　　二是实现路由的选择与寻址。

　　三是实现数字字符格式的转换。

　　四是对网络传输流量进行控制。

　　五是实现高层协议的转换，即能够进行网络层上某种协议的转换。

　　常见的网关按照其功能大致可以分为以下三类：

　　1.应用网关

　　此类网关能够在不同数据格式的系统之间"翻译"数据，从而实现数据之间的交流。应用网关是一种针对某些专门的应用而设置的网关，如邮件服务器网关。

　　2.协议网关

　　此类网关能够在不同协议的网络之间进行协议转换。例如，在以太网、令牌环网等不同的网络之间进行数据共享时，协议网关可以消除网络之间的差异，从而进行数据之间的交流。

　　3.安全网关

　　此类网关对数据报的网络协议、端口号、源地址及目的地址进行授权处理，通过对数据信息的过滤，拦截没有许可权的数据报，如防火墙网关。

第二节　无线网络技术

一、无线网络的特点及分类

（一）无线网络的特点

相较于有线网络，无线网络具有安装便捷、使用灵活、利于扩展和经济节约等优点，具体可归纳为以下几点：

1.移动性强

无线网络摆脱了有线网络的束缚，使用户可以在网络覆盖范围内的任何位置上网。无线网络支持自由移动、持续连接，能实现移动办公。

2.带宽流量大

无线网络适合进行大量双向和多向多媒体信息传输。在速度方面，无线协议 802.11 b 的数据传输率可达 11 Mb/s，而协议 802.11 g 的数据传输率能达到 54 Mb/s，能够满足用户对网速的要求。

3.有较强的灵活性

由于采用直接序列扩频、跳频、跳时等一系列无线扩展频谱技术，无线网络非常可靠。另外，无线网络组网灵活，增加、减少或移动主机相对容易。

4.维护成本低

无线网络尽管在搭建时投入成本高一些，但后期维护方便，维护成本比有线网络低 50%左右。

（二）无线网络的分类

无线网络是无线设备之间，以及无线设备与有线网络之间的一种网络结构。无线网络的发展可谓日新月异，新的标准和技术不断涌现。无线网络按照不同的分类标准可以分为不同的类型。

1.按覆盖范围分类

按照覆盖范围，无线网络可分为四类：无线局域网（wireless local area network, WLAN）、无线个人区域网（wireless personal area network, WPAN）、无线城域网（wireless metropolitan area network, WMAN）和无线广域网（wireless wide area network, WWAN）。

（1）无线局域网

无线局域网一般用于区域间的无线通信，覆盖范围较小，代表技术是 IEEE 802.11 系列。无线局域网的数据传输速率为 11～56 Mb/s，甚至更高。

（2）无线个人区域网

无线个人区域网的无线传输距离在 10 m 左右，典型的技术是 IEEE 802.15，数据传输速率在 10 Mb/s 以上。

（3）无线城域网

无线城域网主要是通过移动电话或车载装置进行的移动数据通信，可以覆盖城市中的大部分地区。其代表技术是 IEEE 802.20，主要研究移动宽带无线接入（mobile broadband wireless access, MBWA）技术和相关标准的制定。该标准更加强调移动性，它是由 IEEE 802.16 的宽带无线接入（broadband wireless access, BWA）技术发展而来的。

（4）无线广域网

无线广域网主要是通过移动通信卫星进行数据通信的网络，其覆盖范围最大，代表技术有 3G、4G、5G 等。例如，5G 网络的数据传输速率能达到 5 Gb/s，甚至是 10 Gb/s，是 4G 网络的 50～100 倍。

2.按应用角度分类

从无线网络的应用角度看，无线网络可以分为无线传感器网络、无线网状网络、无线穿戴网络、无线体域网（wireless body area network, WBAN）等，这些网络一般是基于已有的无线网络技术，或是针对具体的应用而构建的无线网络。

（1）无线传感器网络

无线传感器网络是当前在国际上备受关注的、多学科高度交叉的、知识高度集成的前沿热点研究领域。它能够综合传感器技术、嵌入式计算技术、现代网络及无线通信技术、分布式信息处理技术等，通过各类集成化的微型传感器实时监测、感知和采集各种环境或监测对象的信息，这些信息通过无线方式被发送，并以自组多跳的网络方式传送到用户终端。

无线传感器网络以最小的成本连接任何有通信需求的终端设备，采集数据，发送指令。若把无线传感器网络的各个传感器或执行单元设备视为"种子"，将一把"种子"（可能是一百粒，甚至是上千粒）任意抛撒开，经过有限的"种植时间"，就可以从某一粒"种子"那里得到其他任何"种子"的信息。作为无线自组双向通信网络，无线传感器网络能以最大的灵活性自动完成不规则分布的各种传感器与控制节点的组网，同时具有一定的移动能力和动态调整能力。

（2）无线网状网络

无线网状网络也称为多跳（multi-hop）网络，它是一种与传统无线网络完全不同的新型无线网络，是为了满足人们随时随地的 Internet 接入需求而出现的网络。

在传统的无线局域网中，每个客户端均通过一条与固定的接入点相连的无线链路访问网络，用户要想进行通信，必须先访问一个固定的接入点，这种网络结构被称为单跳网络。而在无线网状网络中，任何无线设备节点都可以同时作为接入点和路由器，网络中的每个节点都可以发送和接收信号，都可以与一个或者多个对等节点进行直接通信。这种结构的最大好处在于：如果最近的接入点因流量过大而出现拥塞的话，那么数据可以自动转移到一个通信流量较小的邻近节点进行传输。以此类推，数据包还可以根据网络的情况，继续转移到与之相近的下一个节点进行传输，直到到达最终目的地为止。

实际上，Internet 就是无线网状网络的一个典型例子。例如，当人们发送一份电子邮件时，电子邮件并不直接到达收件人的信箱中，而是通过路由器从一个服务器转发到另外一个服务器，最后经过多次路由转发才到达收件人的信箱中。在转发的过程中，路由器一般会选择效率最高的传输路径，让电子邮件尽快到达收件人的信箱中。因此，无线网状网络也被形象地称为无线版本的 Internet。

与传统的交换式网络相比，无线网状网络省去了节点之间的布线环节，但仍具有分布式网络所提供的冗余机制和重新路由功能。在无线网状网络里，添加新的设备只需要接上电源，它可以自动配置，并确定最佳的多跳传输路径。在添加或移动设备时，网络能够自动发现拓扑变化，并自动调整通信路由，从而找到最有效的传输路径。

（3）无线穿戴网络

无线穿戴网络是以短距离无线通信技术（蓝牙和紫蜂技术等）与可穿戴式计算机技术为基础，穿戴在人体上、收集人体和周围环境信息的一种新型个域网。无线穿戴网络将蓝牙和紫蜂等短距离无线通信技术作为其底层传输手段，结合自身优势组建一个无线、高度灵活、自组织，甚至是隐蔽的微型个域网。无线穿戴网络具有移动性、持续性和交互性等特点。

（4）无线体域网

WBAN 是由依附于身体的各种传感器构成的网络。例如，远程医疗监护系统可以提供及时的现场护理服务，这是提升健康护理手段的有效途径。在远程医疗监护系统中，将 WBAN 作为信息采集和及时现场护理的网络环境，可以取得良好的效果，赋予家庭网络新的内涵。借助 WBAN，家庭网络可以及时、有效地为远程医疗监护系统采集监护信息。在此基础上，家庭网络还可以预读医疗监护信息，及时发现问题，直接通知家庭其他成员，达到及时救护的目的。

二、无线网络技术的应用

（一）无线网络技术在企业中的应用

近年来，无线网络技术不断成熟，其自身具备的灵活性和便捷性使其在人们的生活中发挥着越来越重要的作用。因此，在企业中运用无线网络技术势在必行。

1.在企业会议室及生产环节的应用

若建筑物及中心站距离企业较远或存在布线困难的情况，企业可通过外接高增益天线的方式实现网段连接。企业各楼层或楼栋的内部则需要根据实际情况安装小型有线局域网，而会议室则可以根据其大小设置一个或多个无线接入点，允许多个用户共同收发数据。这样一来，企业召开会议时就能更加快速、灵活，从而提高企业会议的质量和效率。

无线网络技术在企业生产环节中的应用也十分广泛。目前，许多企业的生产车间都采用无线网络技术开展数据采集工作。其数据采集系统采用先进的模块式结构，根据不同的应用需求，企业可对不同的模块进行更改，从而满足不同的生产需要。

2.在企业档案信息管理与库存管理方面的应用

在企业档案信息管理中，无线网络技术的应用不仅能打破时间和空间的限制，还能大大提高工作人员的效率。工作人员不仅可以通过网络及时检索档案信息，还能通过无线网络查找企业数据、资料等内容，大大提高企业的办公效率。在后续的档案信息管理中，工作人员也可以通过网络及时实现电子化管理，大大提高管理效率。由此可见，无线网络技术能够使企业的档案信息管理工作更加高效。

库存的准确性和时效性是影响企业生产效率的重要因素，如何提高库存管理的效率是当前很多企业管理者要思考的问题，而无线网络技术的应用可以有效解决这一问题。企业可以应用移动计算机、移动扫描器等设备，将信息不间断地录入系统中。这样不仅能提升库存管理工作的质量，还有利于节约企业的人力资源。

总之，无线网络技术在企业信息化建设中发挥着重要作用，无线网络的覆盖程度直接影响企业的发展。

（二）无线网络技术在医院信息化建设中的应用

1.无线网络技术在医院信息化建设中应用的重要性

无线网络技术在医院信息化建设中的重要性主要体现在以下几个方面：

首先，无线网络技术可以大大提升医院的信息化水平。传统的有线网络虽然稳定性较高，但需要铺设大量的网络线路，且线路的管理、维护成本较高。而采用无线网络技术则不需要铺设大量的网络线路，便于网络的搭建和管理，可以更快速地推进医院信息化建设。无线网络技术可以支持医院各种信息化应用，如电子病历、医疗影像、医院管理等。这些信息化应用的实现将大大提高医院工作的效率和精确度，从而为医疗服务提供更好保障。

其次，无线网络技术可以提高医院服务的质量。医院需要运用各类医疗设备来进行监测和数据传输，这些医疗设备如果能够实现无线联网，便可以大大提高数据传输的效率和准确性。此外，无线网络技术还可以支持远程医疗服务，如远程会诊、远程监护等。这些服务的实现将大大方便患者就医，缓解患者看病难、看病贵等问题，同时也可以使医生更加高效地为患者服务，提高医院的服务质量和声誉。

最后，无线网络技术可以降低医院信息化建设的成本。医院信息化建设需要大量的投资，无线网络技术的采用可以减少网络线路的铺设，降低网络建设的成本。同时，无线网络技术还可以实现设备的远程监测和管理，大大降低设备的管理成本。此外，无线网络技术可以支持医院各类移动办公，如移动护士站、移动护理等，可以更加灵活地为患者提供服务，并降低医院建设和管理的成本。

总之，无线网络技术在医院信息化建设中的应用是非常重要的。它可以提升医院的信息化水平、提高医院的服务质量、降低医院信息化建设的成本，为医院信息化建设和医疗卫生事业的发展做出重要的贡献。因此，要在实际的医院信息化建设中，大力推广无线网络技术，将其应用于医院的各项业务，以有效提升医院的诊疗与办公质量。

2.无线网络技术在医院信息化建设中的具体应用

（1）住院方面

在医院信息化建设中，无线网络技术的应用能够使医院在住院方面的工作实现创新，主要体现在住院查房、家属探视、床边护理、住院呼叫通信等方面。

①在住院查房方面。住院查房是医生对患者进行病情监测和诊疗的重要环节，而无线网络技术的应用可以帮助医生实现实时监测和数据共享。医生可以通过移动设备扫描特征码的方式随时查询患者的病历、检验结果和影像资料等，提高诊疗的效率和准确性。此外，医生还可以通过无线网络在病房内直接向护士下达医嘱，缩短医嘱执行的时间，提高医疗质量和安全性。

②在家属探视方面。在传统的家属探视模式下，患者的家人需要前往医院，而在无线网络技术的支持下，患者的家人可以通过远程探视方式实现与患者的实时沟通。无线网络技术可以帮助家属通过视频通话或语音通话来与患者进行交流，不仅能够降低家属到医院的时间成本和空间成本，还能使患者获得心理安慰，从而提高治疗效果。

③在床边护理方面。床边护理是医院护士为患者提供全面护理的主要环节，而无线网络技术可以帮助护士实现护理信息的实时记录和共享。护士可以通过无线网络设备实现对患者健康数据（如体温、血压、心率等）的实时监测和记录，同时可以进行医嘱执行、药品配送等护理操作，从而提高护理效率和质量。

④在住院呼叫通信方面。患者在住院期间，可能随时需要医生和护士的帮

助，传统的住院呼叫通常需要手动按铃或拨打电话，存在时间延迟和信息不准确等问题。而无线网络技术的应用可以实现基于移动设备的住院呼叫通信，患者可以通过无线网络设备向医生和护士发送呼叫请求，医护人员可以及时响应，从而为患者的健康保驾护航。

（2）门诊方面

无线网络技术在医院信息化建设中的应用也给医院的门诊服务提供了便利，具体体现在病历管理、挂号排队、输液管理等方面。

①在病历管理方面。医院可以通过无线网络技术开展电子病历管理工作。在实际的操作中，医生和护士可以通过手持终端设备登录医院的电子病历系统，选择相应的患者档案，查看患者的就诊记录、病史、检查检验报告等信息。在就诊过程中，医生和护士可以通过手持终端设备录入和更新患者的诊断、处方等信息，并将这些信息实时上传至电子病历系统。这样可以实现患者信息的共享和协同管理，提高医疗服务效率和质量。

②在挂号排队方面。传统的门诊排队叫号方式存在着人工分配工作量大、误差率高等问题，而通过应用无线网络技术，医院可以构建自助排队叫号系统，使门诊的服务效率和质量得到有效提高。患者在到达门诊后，可以通过自助终端选择相应的科室，并获取当前科室的排队号码和等待时间。患者在等待过程中可以自由活动，待到叫号时再返回门诊就诊。同时，患者能够在这一过程中直接进行缴费，减少中间环节。另外，自助排队叫号系统还可以通过智能算法实现医生分诊，即通过分析患者的病情信息和就诊科室的医生情况，自动将患者分配给最适合的医生进行就诊，从而提高门诊的医疗效率。

③在医院门诊的输液管理方面。医院门诊输液管理通常需要记录患者的输液时间、剂量、药品种类等信息，同时需要不断监测患者输液过程中的生命体

征数据。使用无线网络技术可以实现自动化记录和监测，大大提高输液管理的效率和精度。具体操作流程：医护人员在患者开始输液前，通过扫描二维码的方式，将患者信息、药品信息和输液计划输入电脑系统，系统会自动将计划发送至输液设备，并根据设备监测到的数据自动记录患者的输液情况。如果设备监测到不正常的数据，系统就会自动发出警报。这种无线网络技术的应用不仅提高了医院门诊输液管理的效率与准确性，同时也更加安全和可靠。

（3）其他方面

无线网络技术在辅助医院信息化建设的过程中，还实现了一些应用层面的创新，其中，最为常见的有移动护士站与远程医疗。

移动护士站指的是一种可以随身携带的设备，通过无线网络技术实现医护人员与医疗系统之间的连接。在移动护士站中，无线网络技术应用主要包括Wi-Fi和蓝牙技术。第一，通过移动护士站，医护人员可以访问患者的病历和医嘱，包括患者的基本信息、病史、检查检验报告、用药记录等。这可以帮助医护人员更好地了解患者的情况，及时采取相应的医疗措施。第二，移动护士站还可以用于实时记录和传输患者的生命体征数据，包括血压、体温、心率、呼吸频率等。这些数据可以通过无线网络技术传输到医疗系统中，帮助医护人员及时监测患者的状况。第三，移动护士站还可以用于实时记录和报告医疗事件，包括患者的治疗方案、用药记录、医疗操作记录等。这可以帮助医护人员更好地管理患者的病情，为医疗决策提供参考。第四，移动护士站还可以用于与医疗系统中的其他医护人员进行实时沟通，包括医生、药师、护士等。这可以帮助医护人员更好地协作，提高医疗效率和质量。

在远程医疗方面，主要是通过无线网络技术实现远程诊断和治疗。这种技术可以让患者不必亲自前往医院，就可以得到专业的医疗服务，减少医疗资源的浪费，提高医疗效率。在医院信息化建设的过程中，5G或Wi-Fi等无线网络技术的应用主要包括视频会议、远程监测和远程手术。视频会议可以让患者和医生进行面对面的交流，减少误诊和漏诊的情况。远程监测可以实时监测患者的生命体征数据，并将数据传输到医疗系统中，医生可以通过分析这些数据来判断患者的病情和治疗效果。远程手术则是一种高端技术，可以让医生通过无线网络技术控制机器人手臂来进行手术操作，从而达到远程手术的目的。

此外，在医院的信息化建设中，无线网络技术也为医院的仓库管理工作带来了创新。将无线网络技术与大数据、人工智能等互联网信息技术进行结合，能够实现仓库内物品的准确化、精细化分类，并将数据实时上传到医院的管理平台，使仓库物品的调用与存放工作能够更加高效便捷地开展，为医院的诊疗工作提供有力的保障。

随着医院业务的不断增加和信息化水平的提高，医院对无线网络的需求越来越高。未来，无线网络技术将实现更高的速度和更可靠的连接，从而为医院提供更加稳定、快速的数据传输和交流。近年来，5G技术广泛覆盖，其能够凭借自身的低延迟性与稳定性，使治疗过程更加高效、快速、稳定。同时，5G技术还能够提供更大的带宽和更快的传输速度，使医疗设备和传感器的数据更加快速地传输到云端。

在未来的发展中，无线网络技术最重要的功能在于成为其他技术应用的载体。未来，无线网络技术可以在诊疗过程中与大数据、人工智能等技术进行深度融合。随着医疗数据的不断积累，大数据和人工智能技术可以对这些数据进行分析和挖掘，发现患者的病情、病因、病理并为患者提供治疗方案等，从而实现个性化医疗。例如，人工智能可以通过无线网络技术收集患者的生理数据、影像数据等，并进行智能分析，帮助医生快速准确地诊断和治疗疾病。同时，在无线网络技术的支持下，物联网技术可以将各种医疗设备、传感器、监测器等连接到网络中，实现医疗设备之间的数据共享和协同工作，提高医疗效率和质量。例如，依托无线网络技术连接的医疗设备可以帮助医生实现远程监控、自动化治疗等功能，有助于提高医疗水平和效率。此外，区块链技术可以为医疗行业提供更加安全和可信的数据交换和共享机制。例如，通过无线网络技术收集的医疗数据可以以加密的方式存储在区块链中，确保患者的隐私和数据安全，从而提高患者的信任度和满意度。

总而言之，在医院的信息化建设过程中，传统的有线网络技术具有较大的局限性，而无线网络技术能够将自身的优势充分体现出来，使医院的信息化水平得到进一步提高。在无线网络技术的应用中，医院在住院与门诊等方面的工作均得到了高质高效开展，并诞生了移动护士站、远程医疗、精细化仓库管理等新模式，推动了医院全面的信息化建设。

（三）无线网络技术在校园中的应用

1.室内校园网

这里所说的室内指的是会议室和教室等地点。在应用无线网络技术时，学校可以根据实际情况挑选吸顶天线、全向天线以及室内用的无线接入点等设备。在室内安装无线网时，要先明确无线接入点的位置及数量，以确保各个无线接入点的无线信号交错覆盖。学校还可以通过有线骨干网络和双绞线把每个无线接入点连接在一起，实现在有线网络基础上的无线覆盖，让每个终端都能通过附近的连接点来查看网络信息。

有时会因覆盖区域的间隔距离过大而出现不能连通的现象，连接人员可以通过无线网络技术来查询地点，得到无线终端的具体方位和具体个数。连接人员在查询地点的同时还能预估教室的实际环境，同时还能站在用户需求的角度来分析问题。教学环境不同，对网络速度和带宽的需求也会不同。室内校园网的建设有利于保证每个终端都能连接到网络，最终达到网络全面覆盖的目的。

2.室外互联网

这里所说的室外指的是学校操场和一些公共场所。在应用无线网络技术时，学校可以根据这些公共场所的现场情况挑选高功率的无线终端接入点、无线定向天线和无线全向天线。在信号不太好或距离相对较远的区域，学校可以加上高增益天线，以此来保证几千米范围内的网段之间可以互相连接。例如，学校可以在图书馆的核心区域安装室外定向天线和全向天线。此外，在楼房上安装无线网络设备的同时也应该加上防止受潮的铁箱和避雷设施等，以保证无线网络设备不受外界环境的影响。

（四）无线网络技术在卫星通信中的应用

无线网络技术在卫星通信中的应用对全面提高通信质量、促进通信系统智能化建设有促进作用。但是，就目前无线网络技术在卫星通信领域的应用情况来看，相关技术还较为滞后，亟须更高层次的开发与应用。

卫星通信系统主要包括管理系统和业务系统两大部分，管理系统的功能是保证卫星通信系统的正常运行，实现资源的合理分配，而业务系统的功能则主要是保证各项通信功能的正常发挥。将无线网络技术应用在卫星通信中能很好地实现上述两个系统信息的完整互动。

1.智能化决策技术

智能化决策技术是无线网络的关键技术之一，在地面无线通信网络服务管理中发挥着重要作用。它能结合通信功能完成分析、决策、执行等操作，大幅减少重复性劳动，提高整体服务效果。卫星通信需要投入大量的人力、物力，尤其是随着各类卫星直播电视、卫星网络电视的大量出现，运行成本大幅提升，用户对系统的稳定性以及活跃性也有了更高的要求。将智能化决策技术应用到卫星通信网络中，有利于实现网络管理及控制、网络动态分配处理等方面的自动化和智能化管理，促进资源的合理配置，尽可能减少人为因素的干扰。

2.多元感知技术

多元感知技术可以分为用户域感知技术、环境域感知技术以及网络域感知技术。用户域感知技术主要以通信政策以及用户的需求为出发点，对差异尤为明显的用户通信倾向进行判断。例如，在卫星语音通话业务的运行过程中，工作人员不仅要考虑通信的完成度，更要对用户的体验进行分析，要把解决网络延迟问题作为重点，确保用户的需求得到满足。环境域感知技术是增强卫星通信抗干扰能力的深入应用技术，其本身在频谱信息上有较为细致的把控，不仅要具备一定的电磁环境感知能力，更要提供抗干扰的关键技术手段，保证信号传输的稳定性。网络域感知技术一般以业务协议为支撑，能从网络层面对各种信息进行梳理，减少闲置资源对卫星通信运行效率的影响。

总之，无线网络技术在卫星通信中的应用是计算机网络技术发展的必然趋势。未来，无线网络技术必定会进一步带动卫星移动通信技术的变革，开辟信息传播的新领域。

第三章　计算机网络防御策略
求精关键技术

第一节　计算机网络防御策略
求精方法

本节针对现有的计算机网络防御策略求精（computer network defense policy refinement, CNDPR）方法只支持访问控制策略求精的问题，提出了一种支持计算机网络防御中的保护、检测、响应和恢复策略的求精方法，构建了一种计算机网络防御策略求精模型，设计了一种计算机网络防御策略求精算法。

一、问题及其背景

网络信息系统的规模增大，以及一些包括云计算、大数据等新技术的出现，给管理网络系统带来了很大的挑战。传统的依靠管理员人工完成大规模网络系统中的网络安全管理工作既消耗精力又容易出错。为了解决这些问题，研究者提出了基于策略的体系结构，以策略驱动的管理方法来简化管理员对复杂的分布式网络系统的管理。在策略驱动的管理系统中，管理员仅仅需要以策略的形式确定对象和约束。策略是一系列的规则集，策略求精是将高层的抽象策略映射为低层的具体策略的过程。

由于策略求精的过程是复杂的，且某些策略求精过程需要人工操作，因此许多研究者在不同的应用领域分别提出了自动化的策略求精方法，但这些策略求精方法不是站在计算机网络防御的角度来支持保护、检测、响应和恢复策略的求精方法。

计算机网络防御是指在计算机网络及其信息系统内，采取的一系列保护、监视、分析、检测和响应未经授权活动的行为。

基于如何将策略求精方法扩展到整个计算机网络防御领域中，从而支持保护、检测、响应和恢复四个方面的策略求精等问题，本节提出了一种计算机网络防御策略求精方法，给出了策略求精的形式化模型，支持保护（访问控制、保密通信、用户身份验证、备份）、检测（入侵检测、漏洞扫描）、响应（重启、关机）和恢复（重建、打补丁）策略的求精，设计了一种防御策略求精算法，包括策略转换和安全实体选择，最后通过策略求精实验、基于 GTNetS 仿真平台和 OpenStack 的虚拟网络平台的策略部署实验验证了所提出方法的有效性，通过策略求精算法的时间分析证明了本算法的效率。

二、相关工作

自动化的策略求精方法简化了复杂网络环境中的网络及其安全管理。几种典型的策略求精方法如下：

（一）基于目标分解的策略求精方法

采用形式化的技术分解时态逻辑表达目标的方法称为 KAOS 方法。策略指的是采用事件演算表达子目标的系统行为序列，采用溯因推理获取完成高层目标的行为序列。

采用 KAOS 方法细化高层策略，将高层策略分解为各个子目标，然后对子目标求反，通过模型检验引擎自动生成违背求反子目标的行为序列，即模型检验的反例。但该反例正是满足子目标的行为序列，将该行为序列转换为文中定义的一种转换基元描述，最后生成策略规则。

以上基于目标分解的方法过于复杂，其转换过程部分需要人工参与，且难于实施。

（二）基于模型的策略求精方法

有学者提出了一种四层的基于模型的策略求精方法，包括角色和目标间的授权策略层，主体和资源间的服务许可策略层，参与者与对象之间的访问路径生成层、最底层的进程或主机之间的访问路径的执行策略规则层。

（三）基于规则的策略求精方法

基于规则的策略求精方法指的是一种基于逻辑的形式化的语言表达高层的策略方法，采用主体、对象、动作等概念描述。它定义了形式化的策略求精规则，包括主体求精规则、对象求精规则、动作求精规则等，将高层的策略自动地转换为低层的策略。

（四）基于本体的策略求精方法

首先建立高层、低层的安全策略本体，然后定义语义 Web 规则语言（semantic web rule language, SWRL）推理规则，最后使用基于本体的推理机自动获取低层的策略。

现有的策略求精方法大部分集中在访问控制策略、网络管理策略的求精方面，且有些方法给出的高层策略的抽象层次不高，是对网络中某个节点、对目标节点访问行为的允许或拒绝操作的描述。因此，本节结合域的概念，将网络中的一类资源抽象为目标概念，将防御动作和实体抽象为防御手段概念来构造高层防御策略的抽象描述，并提出求精高层的抽象的防御策略的方法。

三、计算机网络防御策略求精模型

CNDPR 是结合网络拓扑信息与求精规则，将高层防御策略转换为操作层防御策略的过程。

高层防御策略是网络管理者制定的采用防御手段保护防御目标的安全需求。操作层防御策略是安全设备执行的防御行为。CNDPR 将高层的抽象概念映射到低层的具体概念，它是一个语义变换过程。生成操作层的防御策略后，根据具体的防御设备和节点信息将操作层防御策略参数化为设备上可执行的策略规则，这个过程称为策略翻译。策略翻译过程是一个语法变换过程，与软件工程中的代码生成过程类似。这里重点研究防御策略求精过程。

CNDPR 的前提假设：①输入的高层策略是正确的，没有语法和语义错误；②多个高层策略间没有冲突；③在策略配置规则的部署中，拥有区域网络中所有机器的控制权。

计算机网络防御策略求精模型由高层防御策略、操作层防御策略以及高层防御策略与操作层防御策略之间的求精规则组成。

高层和操作层中的元素如下：

①域。域表示一个范畴或区域。根据网络环境的具体情况可采用不同的方法划分域，如组织结构、拓扑结构、地理边界、对象类型、安全级别、管理职责等。它一般呈现为一个层级结构，包含源域和目标域。其中，源域是发起活动的区域，一般与角色相关。目标域是防护资源所在的区域，一般与目标相关。

②节点。节点是网络环境中的实体，是主机、IP、数据包、接口、进程的抽象表示，包括源节点和目标节点。其中，源节点是网络环境中对资源施加操作的节点，目标节点是网络环境中需要保护的资源所在的节点。

③角色。角色是拥有一些共同特征的用户集。用户是发起操作的网络环境中的人。目标是拥有一组共同特征的资源集，是网络系统中需要保护的对象。资源是网络系统中具体的数据、操作系统、应用程序、服务等。活动是具有共同特征的动作集，活动可视为动作的"角色"，动作为活动的成员，包括本地活动和交互活动。动作是不可再分的状态变化，此处指原子动作，如运算活动对应的增、删、改动作，交互活动对应的发送、接收、请求、响应动作。上下文类是具有相同特征的上下文集，包括漏洞类和事件类两类上下文。漏洞类划分为操作系统漏洞类和应用软件漏洞类，事件按照攻击效果可以划分为扰乱、阻止、削弱和毁坏四类。上下文是在域中部署防御手段的具体环境，包括具体的漏洞和攻击事件。防御手段是网络防御活动的集合。防御手段分为保护（访问控制、用户身份验证、保密通信、备份）、检测（入侵检测、漏洞检测）、响应（系统重启和关机）、恢复（重建、补丁安装）四类。防御实体是执行防御动作的安全设备，用设备名表示。防御动作是引起防御实体状态改变的原子行为。

计算机网络防御高层策略和操作层策略之间的求精规则如下：①角色、用户求精规则，表示角色到用户的映射；②用户和源域、源节点求精规则，表示源域中的用户到源节点的映射；③目标、资源求精规则，表示目标到资源的映射；④漏洞类型、漏洞求精规则，表示漏洞类型到漏洞的映射；⑤事件类、攻击事件求精规则，表示事件类型到攻击事件的映射；⑥资源和目标域、目标节点求精规则，表示目标域中的资源到目标节点的映射；⑦漏洞和目标域、目标节点求精规则，表示目标域中的漏洞到目标节点的映射；⑧活动、动作求精规则，表示活动到动作的映射；⑨手段、防御动作和防御实体求精规则，表示手段到防御实体和防御动作的映射；⑩域、节点求精规则，表示域到节点的映射。

四、计算机网络防御策略求精算法

CNDPR 包含两个模块，即高层策略解析模块和操作层策略生成模块。高层策略解析模块执行词法分析、语法分析和高层策略语义识别等任务。在操作层策略生成模块，首先基于 CNDPR 信息库中的网络拓扑信息和求精规则，将高层策略中的概念映射为操作层概念，然后选择防御实体实例，最后组合这些概念，并输出操作层策略。

CNDPR 信息库包含网络拓扑信息和策略求精规则。网络拓扑信息是当前网络环境中所有实体的特征和运行状况，由域信息、节点信息、节点链接信息、角色信息、目标信息、防御实体信息、手段信息构成。策略求精规则是高层策略中的元素到操作层策略中的元素的映射。

CNDPR 算法包括策略求精的转换算法和防御实体实例选择算法。策略求精的转换算法描述如下：

①扫描高层 CND 策略描述文本，当匹配到一条完整的高层 CND 策略时，提取策略的各个组分，存入相应的内存数据结构中。

②针对高层策略中的每一个概念，分别调用相应的策略求精规则，将策略中的高层元素映射为操作层元素。若为手段概念，则根据手段、防御动作和防御实体求精规则，获得防御实体和防御动作；若为源域或目标域概念，则根据域、节点求精规则得到源域中的节点集或目标域中的节点集，其中，访问控制、VPN 策略包含源域和目标域两种，用户身份验证策略只包含源域，备份、漏洞检测、重启、关机、重建、补丁安装策略只包含目标域；若为角色概念，则根据角色、用户求精规则得到角色的用户；若为目标概念，则根据目标、资源求精规则得到目标对应的资源；若为活动概念，则根据活动、动作求精规则得到活动对应的动作；若为事件类型，则根据事件类型、攻击事件求精规则得到具体的攻击事件；若为漏洞类型，则根据漏洞类型、漏洞求精规则得到具体的漏洞。

③若求精得到的用户概念集不为空，则根据用户和源域、源节点求精规则得到源节点。

④若求精得到的资源概念集或漏洞概念集不为空，则根据资源和目标域、目标节点求精规则，或是漏洞和目标域、目标节点求精规则得到目标节点。

⑤组合防御实体、防御动作、源节点、目标节点、动作、上下文等操作层概念得到操作层策略。该操作层策略一般由多条策略规则组成,因为防御实体、源节点或目标节点可能有多个。

⑥如果高层防御策略多于一个，则获取下一个高层防御策略，并重复以上操作，直到所有高层策略处理完成。

策略转换算法得到的防御实体实例是网络拓扑中该防御实体的所有实例，但并不需要在所有防御实体实例上部署策略规则。由于防火墙包含允许和拒绝规则，其实例选择较为复杂，因此这里以防火墙的实例选择为例。

针对防火墙的许可策略，首先可以获得源节点到目标节点之间的所有简单路径，然后选出所有路径中的防火墙，但求解无向图中两点之间的所有简单路径是 NP 难问题（NP-hard problem，是指在已知问题的答案后，验证这个答案是否正确所需的时间会随着问题规模的增加而急剧增加的问题），不能在多项式时间内解决，因此可采用直接获得所有简单路径上的节点的算法，然后在这些节点中找出防火墙，从而简化问题。

第二节　计算机网络防御策略求精的语义建模方法

为了保障 CNDPR 的正确性，需要分析和验证 CNDPR 的语义一致性。本节给出了 CNDPR 的语义建模方法，包括 CNDPR 的语义依存分析方法、基于描述逻辑的 CNDPR 的语义模型的建立方法，以及 SWRL 推理规则的定义，最终通过 Racer 推理机实现 CNDPR 的语义推理和查询。

一、问题及其背景

策略求精是将高层的策略自动地转换为低层策略的过程。高层策略中包含抽象的概念，低层策略中包含较为具体的概念，抽象概念到具体概念的映射过程是一个语义变换的过程。由于该语义变换的过程采用计算机实现，但计算机是基于符号的推演和变换，其推理过程没有承载符号的语义，因此可能在推理过程中出现语义不一致的问题。

基于该问题，本节提出了 CNDPR 的语义建模方法，包含策略的语义分析和语义模型的建立。语义分析是将给定的某种语言转化为反映其含义的形式化表示。语义依存性分析是提取句中所有修饰词与核心词之间的语义关系的过程，由于它能更好地表达句子的结构与隐含意思，能处理词级别、短语级别、从句级别以及句子级别的语义结构，因此本节采用自然语言处理中的语义依存分析技术分析防御策略的语义。

另外，由于描述逻辑具有良好的知识表达能力，其推理机制功能强大，以及它在防火墙的访问控制策略规则的语义建模、访问控制模型的语义建模中的大量应用，因此本节结合语义依存分析得到的语义结构，建立基于描述逻辑的 CNDPR 语义模型，给出 SWRL 推理规则，实现隐含的求精关系等语义关系的自动推理，最终通过描述逻辑的推理机 Racer 验证 CNDPR 语义模型的有效性。

二、相关工作

现有的语义依存分析方法包括基于图的分析算法和基于转移的分析算法。

基于图的分析算法将句中的每个单词看作一个节点，将整个句子用加权图表示。它将语义依存性分析问题转化为一个寻找最大生成树的问题，是一种全局优化的算法，该方法的缺点在于过于复杂。

基于转移的分析算法是基于事先定义的一系列转移操作判断下一个进入的词应该采取的操作，当遍历完所有词后即可得到分析结果。该方法在确定下一个词应采取的操作时可以参考之前的结果，但是缺点在于算法不能回溯，是一种贪心算法。

近年来，除了以上提到的两类分析算法，还存在一些其他的语义依存分析方法。本节借鉴自然语言处理中的 Nivre 算法，结合防御策略的特点，考虑回溯因素，给出了一种防御策略语义分析的改进 Nivre 算法。

很多研究者采用本体建立语义模型，并在本体中定义概念间的上下位关系、包含关系等。本体建模的应用很广，包括防火墙策略规则的本体建模、安全策略的本体建模、基于角色的访问控制策略本体建模、基于属性的访问控制本体建模、上下文感知的访问控制本体建模。在不同的应用场景中，研究者分别构建了各自领域的本体模型，包括云计算中基于角色的访问控制模型，社交网络中基于本体的访问控制模型等。

以上本体的构建需要一种本体语言，其中，本体 Web 语言（ontology web language, OWL）是万维网联盟推荐的本体描述语言标准。为了推理概念间的语义关系，需要将构建的本体模型导入支持描述逻辑的自动推理工具中进行逻辑推理，得出概念间的隐含语义关系。由于描述逻辑是本体描述语言的逻辑基础，具有很强的表达能力，并有着丰富的支持自动推理的工具，因此它在 Web 服务组合、概念的分类和映射、本体的推理、本体的映射、产品设计与制造的信息语义整合、入侵检测系统的策略规则的描述逻辑分析方法等方面有大量应用。

因此，在网络安全的研究领域，特别是在访问控制模型及其访问控制策略的研究中，许多研究者采用描述逻辑分析其模型和策略中的语义关系，特别是采用建立一些推理规则的方法来推导概念之间语义关系。

有学者针对传统的基于角色的访问控制缺少形式机制而不能有效地提供

语义的理解和推理的问题，提出了一种基于描述逻辑的访问控制模型，使用描述逻辑实现了用户和控制对象间关系的形式化描述，以及访问控制策略的形式化表达。也有学者提出了基于描述逻辑的形式化建模 OrBAC 模型的方法，该方法支持确定策略的推理和正确性验证。

防御策略求精过程复杂，为了分析和推理策略求精过程中的语义，需要建立一种形式化的描述方式，给出一种可推理语义的策略求精模型。本节基于描述逻辑建立了计算机网络防御策略求精的语义模型，该模型分析并给出了高层策略、操作层策略的语义依存关系，高层策略与操作层策略之间的求精关系，结合定义的 SWRL 推理规则，在 Racer 推理机上实现了隐含的求精关系等语义关系的自动推理，从而使 CNDPR 具有机器可理解的语义推理模型。

三、计算机网络防御策略求精的语义建模

语义是语言符号的意义。意义是语言符号在现实物质世界中所指的事物。按照语言单位划分，意义包含词义和句义。词义是词的意义，句义是由词的意义和词的意义之间的关系构成的。

计算机网络防御策略求精的语义建模是将高层策略、操作层策略及高层策略与操作层策略之间的求精关系的意义进行建模的过程。

由于概念是反映对象本质属性的思维形式，所以本节采用概念表达策略语句中词语的语义、采用语义依存关系表达语句结构的语义。

计算机网络防御策略求精的语义建模包含策略分析、CNDPR 语义模型生成两个模块。

策略分析模块包含语法格式解析和语义依存关系分析。语法格式解析的目

的是解析策略、网络拓扑和求精规则。

策略解析包括 CND 高层策略解析和 CND 操作层策略解析。采用 Lex/Yacc 分别对高层 CND 策略进行解析得到一个程序内部可以识别的七元组的数据结构，对操作层 CND 策略进行解析得到一个程序内部可以识别的六元组的数据结构。其中，根据不同的策略类型，某些策略若不包含该元组中的某元素，则为空。

对网络拓扑进行解析得到节点、资源和漏洞、防御实体、防御动作、域、角色、目标、活动、防御手段等拓扑信息。

对求精规则进行解析得到域和节点的求精关系，角色和用户的求精关系，目标和资源的求精关系，活动和动作的求精关系，手段和防御实体、防御动作的求精关系等求精关系信息。

语义依存关系分析将策略解析的七元组和六元组分别进行语义依存分析，得到高层策略和操作层策略的语义依存关系，接下来将引入自然语言处理中的语义分析方法，给出一种改进的基于 Nivre 的语义依存分析算法。

（一）改进的基于 Nivre 的语义依存分析算法

语义依存分析是提取句子中所有的修饰词与核心词之间的语义关系建立语义依存树的过程，包括确定依存结构建立和语义关系标注两个步骤。

依存关系是句中词与词之间支配与被支配的、不对等的、有方向的关系。处于支配地位的成分称为支配者，处于被支配地位的成分称为从属者。

依存结构是建立在依存理论基础上的、最能代表短语意义的词被选为核心节点。关于依存结构建立的语法假设可以总结为以下几点：

第一，建立在依存理论的基础上，句子中的核心节点必须遵循依存语法的四个约束：①一个句子中只有一个成分是独立的；②其他成分直接依存于某一成分；③任何一个成分都不能依存于两个或两个以上的成分；④如果 A 成分直接依存于 B 成分，而 C 成分处于 A 成分和 B 成分之间，那么 C 成分直接依存于 A 成分，或者直接依存于 B 成分，或者直接依存于 A 成分和 B 成分之间的某一部分。

第二，表示方向性。关系总是解释为修饰节点指向核心节点，表示修饰节点与核心节点之间的语义关系。依存弧的指向是核心节点指向修饰节点。

Nivre 算法是一个确保局部最优的贪心算法，算法中没有考虑句子的整体特征，这样就会导致一些远距离的依存关系不能通过 Nivre 算法分析得到。基于图的方法是一种基于全局的方法，这两种方法不是相互对立的，而是相互补充的，换言之，就是这两种方法可以相互弥补对方的不足。

针对 Nivre 算法不能分析远距离的依存关系的问题，现有两种解决思路，一种是加入指导特征，通过自己构造的或是从基于图的语义分析算法分析结果中提取的关于句子整体的特征，对 Nivre 算法的分析过程进行指导，从而避免 Nivre 算法因贪心而造成的结果不准确，这种思路实际上是用另一种基于全局的方法分析得出的结果作为特征来对 Nivre 算法的分析结果进行指导，但存在的一个问题是用于指导的特征本身可能是不准确的，因此会产生误导。另外，实验表明，在进行语义分析时，即使加入了指导，其准确率也提高不了多少。另一种思路就是对 Nivre 算法的原操作进行修改，使得两个距离较远的节点有同时出现在栈顶的可能。

（二）基于描述逻辑的 CNDPR 的语义模型

描述逻辑是一种基于对象的知识表示的形式化工具，适合表示关于概念和概念层次结构的知识，因此也叫作概念表示语言或术语逻辑。

描述逻辑系统包含四个基本组成部分：

（1）描述语言。本节采用 SHIQ 描述逻辑语言，它是在基本的描述逻辑 ALC 的基础上增加了数量约束构造算子。

（2）Tbox。它是有关概念和关系的断言集，它的作用是引入概念名称以及声明概念间的关系。

（3）Abox。它是关于个体实例的断言集，用于指明个体的属性或者个体间的关系，包括个体与概念间的属于关系断言，以及个体之间的关系断言。

（4）Tbox 和 Abox 上的推理机制，包括概念的推理、Tbox 和 Abox 的推理等。概念的推理包括可满足性、包含、等价以及相离四种。Tbox 的推理任务是将概念中的包含关系进行扩展，构建公理集的层次结构。Abox 的推理任务是实例的一致性检测等。一般采用 Racer 推理机来构建 Tbox 和 Abox 上的推理机制。

第三节　计算机网络防御策略求精的语义一致性分析方法

本节首先针对策略求精的过程中可能出现的语义不一致性进行分析，分别从概念和结构两个方面给出了语义一致性和不一致性的形式化定义，然后基于给出的 CNDPR 语义模型，提出了一种策略求精的策略语义一致性分析算法，包括概念语义一致性分析和结构语义一致性分析，并开发了一个基于 Racer 推理机的 CNDPR 的语义一致性分析系统。

一、问题及其背景

现有的策略求精方法简化了网络及其安全管理，使得管理员可以从复杂的设备配置工作中解脱出来，专心研究高层策略的规划与描述。例如，基于目标的策略求精方法，基于模型的策略求精方法。

要想保证策略求精后的低层策略能满足管理者制定的高层策略需求，从语义上保障求精前后的语义是一致的，就需要一种能分析策略求精前后的语义一致性的方法。有学者提出了一个框架来分析和对比 P3P 表达的隐私策略，并提出了一种基于 FDR 模型检验的 P3P 高层策略和求精后的低层策略的一致性验证方法。也有学者提出了一种验证策略求精前后策略一致性的形式化分析方法，但该方法只考虑了高层策略中的概念与低层策略中的概念对应关系，并没有关注概念的实例，以及高层策略中的语义结构与低层策略中的语义结构上的一致性关系。因此，不能分析策略求精中低层策略在语义结构上是否保持和继承了高层的语义结构以及概念的实例是否一样。且该方法只是理论上的形式化分析，并没有设计出一种一致性的分析算法。

基于以上问题，本节针对计算机网络防御策略求精前后的语义进行分析，给出了语义一致性的形式化定义，提出了策略求精的语义一致性形式化分析方法，分别从概念和结构两方面分析了概念的语义一致性和不一致性（概念实例不一致、概念缺失和概念冗余）、结构的语义一致性和不一致性（语义关系实例不一致、语义关系缺失和语义关系冗余）。由于描述逻辑是一种基于对象的知识表示的形式化工具，适合表示关于概念和概念层次结构的知识，并具有基于规则进行推理的特点，在网络安全的威胁分析、网络安全状态分析，以及冲突检测和一致性检测领域具有广泛应用，因此本节结合描述逻辑的优点以及 CNDPR 语义模型，提出了一种基于描述逻辑的推理机 Racer 的策略求精语义一致性分析算法。

二、相关工作

在网络安全领域，某些研究者为了验证人工配置的防火墙规则是否满足高层的安全需求，提出了一些新方法。已有相关研究主要是从防火墙策略规则的行为或状态的角度检测其人工配置的防火墙策略规则与高层安全需求之间的一致性，并没有解决策略求精过程中的语义上的一致性问题。由于策略求精是一个符号变化过程，符号推理和变化不承载求解问题的语义，且求精前后的策略语句的概念和结构不一样，因此需要结合策略的概念和语义结构两方面，构建一种策略求精的语义一致性分析方法。

三、计算机网络防御策略求精的语义一致性形式化分析方法

计算机网络防御策略求精是结合网络拓扑信息与求精规则，将高层防御策略转换为操作层防御策略的过程。它包括高层策略的分解，高层策略包含的概念到操作层的映射，以及将映射得到的概念进行组合生成操作层策略。而语义

不一致性的产生可能出现在高层策略包含的概念到操作层概念的映射，以及操作层概念组合为操作层策略的过程中。另外，由于策略语句的语义是由句中的概念和概念之间的语义关系（语义结构）构成的，且 CNDPR 中的策略语句的语义结构是固定的，因此本节将根据以上语义不一致性产生的地方，分别从概念和语义关系（语义结构）两个方面分析高层策略语句和操作层策略语句之间的语义一致性。

策略求精的语义一致性：如果高层策略语句中的所有概念和求精后得到的操作层策略语句中的所有概念均满足概念语义一致性，高层策略语句中的所有语义关系和求精后得到的操作层策略语句中的所有语义关系均满足结构语义一致性，且操作层策略语句中不存在冲突的语义关系，则策略求精前的高层策略和求精后得到的操作层策略是语义一致的，否则是语义不一致的。

概念语义一致性：如果高层策略概念与操作层策略概念满足概念对应求精关系，且将该高层策略中的概念进行语义求精后得到的操作层概念的实例与该操作层策略中概念的实例是一样的，则高层策略中的概念和对应的操作层策略中的概念满足概念语义一致性。

概念对应求精关系：高层策略中的概念能在操作层策略中找到与之对应的概念。

概念实例不一致：如果高层策略概念与操作层策略概念满足概念对应求精关系，且将高层策略中的概念进行语义求精后得到的操作层概念的实例与操作层策略中的概念的实例不一样，则高层策略中的概念和操作层策略中的概念满足概念实例不一致。

结构语义一致性：如果高层策略中的两个概念分别与操作层策略中的两个概念满足概念对应求精关系，且将该高层策略中的两个概念进行语义求精后得到操作层的两个概念间的语义关系的实例与该操作层策略中两个概念间的语义关系的实例是一样的，则高层策略中两个概念间的语义关系与操作层策略中两个概念间的语义关系满足结构语义一致性。

语义关系实例不一致：如果高层策略中的两个概念分别与操作层策略中的两个概念满足概念对应求精关系，且将该高层策略中的两个概念进行语义求精后得到操作层的两个概念间的语义关系的实例与该操作层策略中两个概念间的语义关系的实例不一样，两个实例集之间存在蕴含、交叉和对立关系，则高层策略中两个概念间的语义关系与操作层策略中两个概念间的语义关系满足语义关系实例不一致。

四、基于推理机 Racer 的 CNDPR 的策略语义一致性分析算法

Racer 最初是由德国的汉堡大学开发的基于描述逻辑的知识表达系统，采用 Tableaux 算法，并引入许多 Tableaux 算法优化技术，使推理效率提高。它的核心系统是 SHIQ。Racer 提供支持多个 TBox 和 ABox 的推理功能，给定一个 TBox 后，Racer 可以完成各种查询服务，且新版的 Racer 还加入了对 SWRL 的支持。

（一）SWRL 语义求精规则

SWRL 语义求精规则包含概念语义求精规则和结构语义求精规则。这些语义求精规则能将高层策略中的概念和语义关系自动转换为操作层中相应的概念和语义关系，为在同一层次进行一致性的分析提供了前提。

SWRL 概念语义求精规则包括防御手段—防御实体语义求精规则, 防御手段—防御动作语义求精规则, 活动—动作语义求精规则, 事件类—攻击事件语义求精规则, 源域、角色—源节点语义求精规则, 目标域、目标—目标节点语义求精规则, 目标域、漏洞类型—目标节点语义求精规则。

(二) 语义一致性分析算法

策略的语义一致性分析包括概念语义一致性和结构语义一致性分析。若分析结果为所有概念都满足概念语义一致性, 所有语义依存关系都满足结构语义一致性, 且在操作层策略中不存在语义依存关系冲突, 则该操作层策略与高层策略是语义一致的。

第四节　一种移动 Ad Hoc 网络可生存性模型建模验证方法

本节将计算机网络防御策略求精的层次化转换思想应用在移动 Ad Hoc 网络可生存性模型的分析中, 针对网络可生存性模型考虑因素不同、模型描述各异和实验环境概念不同所产生的彼此难以比较的问题, 提出了一种用于评判多种移动 Ad Hoc 网络可生存性模型的建模。从可生存性定义出发, 采用本体构建可生存性模型的高层描述, 在此基础上研究了高层描述向低层仿真执行的转换技术, 提出了基于攻击路径自动生成的防御仿真任务部署方法, 并实现了可生存性模型的仿真验证。

一、问题及其背景

网络可生存性是指网络系统在遭受攻击、故障和意外事故的情况下及时完成任务的能力。在完成基本服务的同时，系统仍然保持其基本属性，如数据完整性、机密性等。

网络系统可生存性体系结构及模型是人类思维对系统可生存性的抽象认识，而面向仿真运行的程序语言则是模型实例在机器层次上的解释手段。高层思维为适应低层工具而进行的每一次代换都可能导致思维语义的损失，其程度与表达思维的能力以及低层的解释能力之间的差距有关。为了缩小高层描述与低层仿真实现之间的语义间隔，让善于形象思维的人类能从低级翻译中解脱出来，专心地研究更高层的描述，需要解决模型的高层描述方法以及从高层描述到机器动作的语义变换问题，让擅长机器推理和符号变换的计算机弥补变换过程的语义间隔，从而保障高层模型描述与仿真实现之间的语义一致性。

基于以上问题，本节提出了面向移动 Ad Hoc 网络可生存性模型的建模验证方法。由于本体是领域内相关信息形式化描述的基础，具有兼容性强、能在不同的建模语言之间进行映射和转换、适合表示抽象信息的特点，在网络管理、网络安全领域具有广泛的应用，因此本节采用本体构建了网络可生存性模型的高层描述，提出了高层描述到低层仿真实现的自动转换方法，从而缩小了高层描述与低层仿真之间的语义间隔，使各种网络可生存性模型能在统一的仿真平台下进行分析、验证和比较。

二、相关工作

网络可生存性增强模型依靠具体可生存性技术或新的体系结构来提高系统的可生存性。针对具体的网络环境，研究人员相继提出了多种可生存性专用模型。

有研究者针对 Ad Hoc 与无线网状网络设计了一种可生存性体系结构 MNAR，该体系结构以自适应的方式整合了预防式、反应式和容错式三道防线，增强了系统提供关键服务的能力。该模型中的关键服务为连通、路由和通信服务，可生存性手段包括抵御（访问控制、认证和加密）、识别（使用入侵检测系统、信誉系统、反病毒软件和反垃圾邮件软件）、恢复（冗余和备份）、自适应（更换协议或防御机制）。也有研究者基于软件抗衰技术，提出一种在 Dos 攻击下的群组系统可生存性模型。该模型使系统在受到入侵攻击时能够继续运行，通过降低非关键服务的性能，持续提供关键服务。其可生存性手段包括抵御（使用安全策略和预警管理）和自适应（使用抗衰进程和重配置措施）。

由于各种可生存性模型描述的方法和层次不同，无法在同一个验证环境下通过同一种验证手段比较它们的效果，因此需要一种统一规范的描述方法表达可生存性模型，反映可生存性的本质属性。

三、建模验证方法

本节提出了一种移动 Ad Hoc 网络可生存性模型的建模验证方法，将可生存性模型的高层描述自动转换为防御仿真任务并在仿真平台上实现仿真验证。

采用本体建立可生存性模型的高层描述。

任务部署包括策略抽取、生成攻击路径、确定攻击任务和防御任务。

攻击路径的生成需要结合攻击知识库，然后基于推理引擎 XSB 进行攻击目的的可达性推理，得到实例化的攻击规则证据记录，使用字符串匹配和查找操作建立攻击操作间的关系，生成原始攻击路径图，对攻击路径进行分解操作，消除冗余路径，得到实现攻击目的的简单攻击路径集合，最后基于该路径集生成相应的攻击任务和防御任务。

将攻击任务、防御任务解析为仿真平台中可以编译执行的文件，然后调用仿真平台中的库函数实现可生存性模型的仿真。

（一）基于本体的可生存性模型高层描述

根据可生存性的定义，抽取网络可生存性模型的四个组分，即事件、网络服务、可生存性手段和关键组件。

事件：可生存系统可能遭受的潜在伤害，包括攻击、故障和意外事故。

网络服务：网络系统向另外一个系统提供本地活动和交互活动的过程。本地活动可以分为配置活动、信息获取活动和信息管理活动，信息管理活动可以继续划分为添加、删除和修改活动。交互活动包括访问活动和传递活动，传递活动继续划分为发送活动、接受活动、请求活动和应答活动。

可生存性手段：具有可生存性意图的活动，分为抵御手段、识别手段、恢复手段和自适应手段。

关键组件：运行和支持关键服务的组件。关键服务是系统在出现入侵、故障或事故的情况下，系统必须提供的服务。

基于 Ad Hoc 网络具有分层结构、网络拓扑动态变化和计算资源有限等特点，采用实体描述关键组件，采用角色描述具有相同活动的参与者，并用协调者描述不同角色之间的约束。

这里主要采用 OWL 构建可生存性模型的本体。使用本体为网络可生存性模型的建模验证提供一种高层描述方法，使建模人员能够准确地理解可生存性模型中的抽象概念和关系，保障高层描述的完整性和一致性。

（二）攻击知识库的构建

攻击知识库包含网络状态信息和攻击规则。网络状态包括节点配置信息（包括 IP 地址、子网掩码、操作系统以及节点上运行的服务）、节点之间的连接信息（源主机使用协议访问目标主机的某个端口）以及权限设置信息（节点上用户的权限，包括普通用户权限和管理员权限）。

攻击规则是关于攻击手段前提和后果的抽象描述，是关于网络状态迁移的规则。由于攻击的主要目标是系统的权限、服务以及信息，因此应针对这些攻击目标定义权限提升攻击规则、拒绝服务攻击规则、信息泄露和信息破坏攻击规则。信息破坏攻击规则与信息泄露规则类似，不仅可以获取目标主机上的文件，还可以编辑和删除文件。

（三）攻击路径图的构造与分解

构造攻击路径图，首先应设定攻击目的。将攻击目的作为 Prolog 程序中的一个查询，XSB 调用攻击知识库中的网络状态和攻击规则，自动推理攻击目的是否可以实现，若存在攻击路径，则自动将实例化的攻击规则记录下来并输出到文件中。分析该文件，构造攻击路径图。

攻击目的是指攻击者最终的攻击意图，包括权限提升攻击、拒绝服务攻击、信息泄露攻击和信息破坏攻击等。

攻击路径是使网络系统状态迁移到攻击期望状态的攻击操作序列。

攻击路径分解方法的基本思想：首先，简化攻击路径图，消除所有网络初始属性状态对应的顶点，即原始攻击路径图中入度为 0 的顶点；另外，消除所有以最终攻击目的顶点为起点的边。然后，从入度为 0 的攻击操作顶点出发，将父节点的攻击路径传递给孩子顶点，同时删除入度为 0 的顶点和该顶点相连的边。如此反复，直到删除攻击目的顶点时结束，依次得到实现最终攻击目的的所有攻击路径。该算法属于记忆算法，在每个顶点记录到达该顶点的所有路径（称为前序操作序列），再将顶点自身添加到所有前序操作序列的最后，形成新的路径并传递给孩子顶点。最后，得到实现攻击目的的简单攻击路径集合。

（四）攻击、防御任务生成

基于攻击路径集合，可确定攻击任务和防御任务。

由于攻击路径中的每个攻击操作是由攻击发起点、攻击目标和使用的攻击手段构成的，因此逐一对攻击路径的攻击操作序列进行分析，即可得到攻击任务。

防御任务的生成是将可生存性策略部署到保护对象上。结合网络拓扑，将实体策略部署到簇头节点和关键节点上，将服务策略部署到角色节点上。

为了验证网络可生存性系统模型、体系结构或可生存性增强技术，本节提出了一种能够验证多种移动 Ad Hoc 网络可生存性模型的建模验证方法。该方法为网络可生存性体系结构和模型研究提供支撑，也为实际网络系统选择何种可生存性模型提供一个分析、比较的手段。

第四章　计算机网络安全技术及应用

第一节　防火墙与入侵检测

一、防火墙

（一）防火墙的概念及特性

防火墙是指设置在不同网络（如企业内网和公共网络）之间的一系列部件的组合，是不同网络之间的唯一出入口，能够根据安全需求控制出入网络的信息流，被称为网络安全的第一道防线。

防火墙具有以下三方面的基本特性：

第一，所有网络数据流都必须经过防火墙。只有当防火墙是内外网络之间通信的唯一通道时，才可以全面有效地保护目标网络不受攻击。这个通道是目标网络的边界，设置防火墙的目的就是在这个边界实现对出入网络的数据进行审计和控制。但是，对于不通过防火墙的数据，防火墙则无法监控。

第二，只有符合安全策略的数据流才能通过防火墙。防火墙的基本功能是保证数据的合法性，在此前提下，将数据快速从一条链路转发到另外一条链路。它从网络接口接收数据后，在适当的协议层检测数据是否满足相应的规则，将符合规则的数据从相应网络接口送出，将不符合规则的数据丢弃。

第三，防火墙自身具有很强的抗攻击能力。防火墙处于网络边界，时刻面对网络攻击，这就要求防火墙自身必须能够抵御攻击。特别是运行防火墙的操作系统必须可信。另外，防火墙上不应运行其他服务程序。

防火墙对网络的保护主要体现在两个方面：①防止非法的外部用户越权访问内网资源；②允许合法的外部用户在指定权限内访问指定的内网资源。

（二）防火墙的功能

1.服务控制

这是防火墙的基本功能，可以制定安全策略，只允许不同网络间相互交换与指定服务相关的数据通过；可以过滤不安全的服务以降低安全风险；可以保护网络中存在漏洞的服务；可以指定外部用户只能访问指定站点的指定服务并禁止对其他站点的访问。

2.方向控制

防火墙可以限制某个服务的发起端，仅允许网络之间交换由某个特定终端发起的与指定服务有关的数据。例如，可以设置一条安全策略，仅允许内部主机访问公共网络的 Web 服务，但不禁止外部主机访问内部网络的 Web 服务。

3.用户控制

防火墙可以对网络中的访问行为统一管理，提供统一的用户身份认证机制，然后设置每个用户的访问权限，根据认证结果确定该用户本次访问的合法性，从而实现对用户访问过程的控制。

4.行为控制

防火墙可以制定安全策略以对网络访问的内容和行为进行控制，如可以过滤垃圾邮件，可以过滤内部用户访问外部网获得的敏感信息，可以限制指定时间内下载的数据流量，可以分析网络数据以检测其存在网络攻击的可能性。

5.监控审计

防火墙可以记录所有的网络访问并写入日志文件，同时提供网络使用的统计数据，监控网络使用是否正常。

（三）防火墙的分类

防火墙的分类方式有很多种：根据受保护的对象，可以分为网络防火墙和单机防火墙；根据防火墙主要部分的形态，可以分为软件防火墙和硬件防火墙；根据使用防火墙的对象，可以分为企业级防火墙和个人防火墙；根据防火墙检查数据包的位置，可以分为包过滤防火墙、应用代理防火墙和状态检测防火墙。

1.网络防火墙和单机防火墙

网络防火墙是指用来保护某个网络安全的防火墙，目前的防火墙大都是网络防火墙。单机防火墙主要是为了保护单独主机而设计的防火墙。一般来说，为了保护主机，人们大多选用网络防火墙，但对于一些重要的主机，也需要给它们加装单机防火墙。

2.软件防火墙和硬件防火墙

软件防火墙是指防火墙的所有组件都为软件，不需要专用的硬件设备，Check Point 软件技术有限公司的 FireWall-1 就是这样的一种防火墙；而硬件防火墙则需要专用的硬件设备，目前国内的防火墙基本上属于这一类型。

3.企业级防火墙和个人防火墙

企业级防火墙主要为企业服务。它能够进行复合分层保护，支持大规模本地和远程管理，同时和虚拟专用网络相结合，扩展安全联网基础设施，从而应用于大规模网络。这类防火墙拥有强大的、灵活的认证功能，可以充分利用网络带宽，能够实现对现有数据库的安全传送。而个人防火墙主要是为了保护个人的主机，一般就是前面所述的单机防火墙，其功能一般较为简单。

4.包过滤防火墙、应用代理防火墙和状态检测防火墙

包过滤防火墙是在网络层对数据包进行选择，选择的依据是系统内设置的访问控制表。通过检查数据流中每个数据包的源地址、目的地址、所用的端口号、协议状态等来确定是否允许该数据包通过。这种防火墙逻辑简单、价格便宜、易于安装和使用、网络性能好。然而，非法访问一旦突破防火墙，即可对主机上的软件和配置漏洞进行攻击，同时，数据包的源地址、目的地址，以及 IP 的端口号都在数据包的头部，很有可能被窃听或假冒。

应用代理防火墙是内网与外网的隔离点，能够监视和隔绝应用层通信流，同时也常结合包过滤器功能。应用代理防火墙在 OSI 模型的最高层工作，掌握应用系统中可用作安全决策的全部信息。此类防火墙的安全性比包过滤防火墙高，但效率相对较低。

状态检测防火墙把包过滤防火墙的快速性和应用代理防火墙的安全性很好地结合在一起。状态检测防火墙试图跟踪通过防火墙的网络连接和包，这样防火墙就可以使用一组附加的标准，以确定允许或拒绝通信。状态检测防火墙不仅可以跟踪包中包含的信息，还能够记录有用的信息以帮助识别包，如已有的网络连接、数据的传出请求等。

（四）防火墙的体系结构

在实际网络环境中部署防火墙时，通常采用单一包过滤防火墙、单穴堡垒主机、双穴堡垒主机或屏蔽子网等结构，部署方式通常选择其中的一种。

1.单一包过滤防火墙结构

单一包过滤防火墙结构是最简单的基于路由器的包过滤体系结构，常见于家庭网络或小企业网络，通常结合网络地址转换、路由器和包过滤的功能。由于网络地址转换的存在，外网主机无法直接向内部主机发起连接，因此单一包过滤防火墙可基本满足内部主机访问外部网络的安全需求。此种结构的主要弱点在于路由器，如果路由器被入侵，则整个内部网络将受到威胁。

2.单穴堡垒主机结构

单穴堡垒主机结构增加了堡垒主机的角色，堡垒主机实际扮演代理防火墙的角色，单穴堡垒主机仅有一个接口。

堡垒主机需要具备的功能包括以下几种：

①硬件结构和操作系统必须是安全的，具有高可靠性和高安全性，使其难以被攻击。

②不同的应用层代理相互独立，可以动态增删。

③具有用户认证功能。

④具有访问控制功能，确定网络访问范围。

⑤具有详尽的日志和审计记录功能。

单穴堡垒主机结构将包过滤防火墙的1号接口设置为只接收来自堡垒主机的报文并只发送目标是堡垒主机的报文，强制所有内部网络与外部网络的通信只能通过堡垒主机转发。堡垒主机可以在应用层监控内部网络与外部网络的全部通信。

攻击者单独攻击包过滤防火墙无法对内部网络造成威胁，只能修改包过滤规则阻断与堡垒主机的通信，从而阻断内部网络与外部网络的联系。如果内部主机已经明确设置通过代理访问外部网络，那么攻击者即使修改过滤规则也无法直接与内部网络通信，必须攻击堡垒主机才能奏效，因此该体系结构相对于单一包过滤防火墙具有更高的安全性。该类结构的主要问题是堡垒主机直接暴露在攻击者面前，一旦堡垒主机被攻陷，整个内部网络将受到威胁。

3.双穴堡垒主机结构

双穴堡垒主机结构无须在包过滤防火墙做规则配置，即可迫使内部网络与外部网络的通信经过堡垒主机，避免包过滤防火墙失效。双穴指具有两个接口。堡垒主机同时连接两个不同网络，即使包过滤防火墙出现问题，内部网络和外部网络之间的通信链路也必须经过堡垒主机，而单穴堡垒主机可能会因内部主机没有明确设置代理而被攻击者绕过堡垒主机直接攻击。因此，双穴堡垒主机结构相比单穴堡垒主机结构安全性更高，攻击者只有通过堡垒主机和包过滤防火墙两道屏障才能够成功。

4.屏蔽子网结构

屏蔽子网结构根据安全等级将内部网络划分为不同子网，内网 1 的安全系数更高，攻击者如果想入侵内网 1，必须入侵两个包过滤防火墙及一台堡垒主机。内网 2 可以理解为准军事区域，将内网 1 和外部网络隔开，充当内网 1 和外部网络的缓冲区，攻击者要想进入内网 1 必须穿过内网 2，此时攻击者被发现的概率会增大。这种结构具有很高的安全性，因此被广泛采用。

（五）防火墙的建立步骤

成功创建一个防火墙系统一般需要六个步骤：制定安全策略、设计安全体系结构、制定规则次序、落实规则集、注意更换控制和做好审计工作。建立一个可靠的规则集对创建一个成功、安全的防火墙来说是非常关键的一步。如果防火墙规则集配置错误，那么再好的防火墙也只是摆设。在安全审计中，经常能看到一个斥巨资购入的防火墙由于某个规则配置错误而将机构暴露于巨大的危险之中。以下重点介绍前五个步骤。

1.制定安全策略

防火墙规则集只是安全策略的技术实现，在建立规则集之前，必须先理解安全策略。安全策略一般由管理人员制定，假设它包含以下三个方面的内容：①内部员工访问，因特网不受限制；②因特网用户有权访问公司的 Web 服务器和邮件服务器；③任何进入公用内部网络的数据必须经过安全认证和加密。在实际应用中，需要根据公司的实际情况制定详细的安全策略。

2.设计安全体系结构

安全管理员需要将安全策略转化为安全体系结构。根据安全策略"因特网用户有权访问公司的 Web 服务器和邮件服务器"，相关人员应为公司建立 Web 服务器和邮件服务器。由于任何人都能访问 Web 服务器和邮件服务器，因此这些服务器是不安全的。

3.制定规则次序

在建立规则集时，需要注意规则次序，哪条规则放在哪条规则之前是非常关键的，同样的规则以不同的次序放置，可能会完全改变防火墙的运行情况。

4.落实规则集

选择好素材后就可以建立规则集。一个典型的防火墙的规则集包括以下 12 个方面：

①切断数据包的默认设置。

②允许内部网络的任何人出网，与安全策略中所规定的一样，所有的服务都被许可。

③添加锁定规则，阻塞对防火墙的访问，这是所有规则集都应有的一条标

准规则，除了防火墙管理员，任何人都不能访问防火墙。

④在默认情况下，丢弃所有不能与任何规则相匹配的信息包，但这些信息包并没有被记录。把它添加到规则集末尾来改变这种情况，是每个规则集都应有的标准规则。

⑤通常网络上大量被防火墙丢弃并记录的通信通话会很快将日志填满，这就需要创立一条丢弃或拒绝这种通信通话但不记录它的规则。

⑥允许因特网用户访问内部的域名服务器（domain name server, DNS）。

⑦允许因特网用户和内部用户通过简单邮件传输协议访问邮件服务器。

⑧允许因特网用户和内部用户通过超文本传输协议访问 Web 服务器。

⑨禁止内部用户公开访问非军事区（demilitarized zone, DMZ）。

⑩允许内部用户通过邮局协议访问邮件服务器。

⑪DMZ 应该从不启动与内部网络的连接。

⑫允许管理员以加密方式访问内部网络。

5.注意更换控制

当规则组织好后，应该写上注释并经常更新，注释可以帮助理解每一条规则。对规则理解得越好，错误配置的可能性就越小。对那些有多重防火墙管理员的大机构来说，建议当规则被修改时，把下列信息加入注释中：①规则更改者的名字；②规则变更的时间；③规则变更的原因。这可以帮助管理员跟踪查找是谁修改了哪条规则以及修改的原因。

二、入侵检测

（一）入侵检测的概念

入侵指的就是试图破坏计算机保密性、完整性、可用性或可控性的一系列活动。入侵活动包括非授权用户试图存取数据、处理数据，或者妨碍计算机正常运行等活动。入侵检测就是对计算机网络和计算机系统的关键节点信息进行收集分析，检测其中是否有违反安全策略的事件或攻击迹象，并通知系统安全管理员。

（二）入侵检测系统的功能与分类

入侵检测系统是用于入侵检测的软件和硬件的合称，是加载入侵检测技术的系统。

1.入侵检测系统的功能

入侵检测系统能在入侵攻击对系统发生危害前检测到入侵攻击，并利用报警与防护系统驱逐入侵攻击；在入侵攻击过程中可以尽可能减少入侵攻击所造成的损失；在被入侵攻击后，能收集入侵攻击的相关信息，作为防范系统的知识添加到知识库内，从而增强系统的防范能力。

入侵检测系统的功能大致分为以下几个方面：

（1）监控、分析用户和系统的活动

这是入侵检测系统能够完成入侵检测任务的前提条件。通过获取进出某台主机及整个网络的数据，或者通过查看主机日志等信息来监控用户和系统活动的行为一般称为"抓包"，即入侵检测系统能够将数据流中的所有包都抓下来进行分析。

如果入侵检测系统不能实时地截获数据包并对它们进行分析，就会出现漏包或网络阻塞的现象。前一种情况系统的漏报会很多，后一种情况则会影响入侵检测系统所在主机或网络的数据流速。因此，入侵检测系统不仅要能够监控、分析用户和系统的活动，还要使这些操作足够快。

（2）发现入侵企图或异常现象

这是入侵检测系统的核心功能，主要包括两个方面：一方面是入侵检测系统对进出网络或主机的数据流进行监控，查看是否存在入侵行为；另一方面则是评估系统关键资源和数据文件的完整性，查看系统是否已经遭受入侵。前者的作用是在入侵行为发生时就能及时发现，从而避免系统遭受攻击；后者一般是攻击行为已经发生，但可以对攻击行为留下的痕迹进行分析，从而避免再次遭受攻击，对系统资源完整性的检查也有利于对攻击者进行追踪或者取证。

对于网络数据流的监控，可以使用异常检测的方法，也可以使用误用检测的方法。目前还有很多新技术，但多数还处在理论研究阶段。现在的入侵检测产品使用的主要还是模式匹配技术。检测技术的好坏直接关系到系统能否准确地检测出攻击行为。

（3）记录、报警和响应

入侵检测系统在检测到攻击后，应该首先记录攻击的基本情况并采取相应的措施来阻止或响应，其次应该及时发出警告。良好的入侵检测系统不仅能把相关数据记录在文件或数据库中，还应具备报表打印功能。此外，入侵检测系统还应采取必要的响应行为，如拒绝接收所有来自某台计算机的数据、追踪入侵行为等。实现与防火墙等安全部件的交互响应，也是入侵检测系统需要完善的功能之一。

一个功能完善的入侵检测系统，除具备上述基本功能外，还应该包括一些其他功能，比如审计系统的配置和弱点评估、关键系统和数据文件的完整性检查等。此外，入侵检测系统还应该为管理员和用户提供内容清晰、易于操作的界面，方便管理员处理报警和浏览数据等。

2.入侵检测系统的分类

根据不同的分类标准，入侵检测系统可以分为不同的类型。

（1）根据数据源分类

入侵检测系统要对所监控的网络或主机的当前状态做出判断，需要以原始数据中包含的信息为基础。按照原始数据的来源，可以将入侵检测系统分为基于主机的入侵检测系统、基于网络的入侵检测系统和基于应用的入侵检测系统等类型。

①基于主机的入侵检测系统。基于主机的入侵检测系统主要用于保护运行关键应用的服务器，它通过监视与分析主机的审计记录和日志文件来检测入侵，日志中包含发生在系统上的不寻常活动的证据，这些证据可以指出有人正在入侵或已成功入侵了系统。通过查看日志文件，人们能够发现入侵行为，并启动相应的应急措施。

②基于网络的入侵检测系统。基于网络的入侵检测系统主要用于实时监控网络关键路径的信息，它能够监听网络上的所有分组，并采集数据以分析可疑现象。基于网络的入侵检测系统使用原始网络包作为数据源，通常利用一个运行在混杂模式下的网络适配器来实时监视，并分析通过网络的所有通信业务。基于网络的入侵检测系统可以提供许多基于主机的入侵检测系统无法提供的功能。许多客户在最初使用入侵检测系统时，大多配置基于网络的入侵检测系统。

③基于应用的入侵检测系统。基于应用的入侵检测系统是基于主机的入侵检测系统的一个特殊子集，其特性、优缺点与基于主机的入侵检测系统基本相同。由于这种技术能够更准确地监控用户的某一行为，因此在日益流行的电子商务中越来越受到重视。

这三种入侵检测系统具有互补性。基于网络的入侵检测系统能够客观地反映网络活动，特别是能够监视到系统审计的盲区；而基于主机和应用的入侵检测系统能够更加准确地监视系统中的各种活动。

（2）根据检测原理分类

根据入侵检测系统所采用的检测方法，入侵检测可分为异常入侵检测和误用入侵检测两类。

①异常入侵检测。异常入侵检测是指能够根据异常行为和使用计算机资源的情况检测入侵行为。异常入侵检测试图用定量的方式描述可以接受的行为特征，以区分非正常的、潜在的入侵行为。

②误用入侵检测。误用入侵检测是指利用已知系统和应用软件的弱点攻击模式来检测入侵行为。与异常入侵检测不同，误用入侵检测能直接检测不利或不可接受的行为，而异常入侵检测只能检测出与正常行为相违背的行为。

（3）根据体系结构分类

按照体系结构，入侵检测系统可分为集中式入侵检测系统、等级式入侵检测系统和协作式入侵检测系统三种。

①集中式入侵检测系统。集中式入侵检测系统包含多个分布于不同主机上的审计程序，但只有一个中央入侵检测服务器，审计程序把收集到的数据发送给中央服务器进行分析处理。这种结构的入侵检测系统在可伸缩性、可配置性方面存在致命缺陷。随着网络规模的扩大，主机审计程序和服务器之间传送的

数据量激增，这会导致网络性能大大降低，并且一旦中央服务器出现故障，整个系统就会陷入瘫痪。

②等级式入侵检测系统。在等级式入侵检测系统中，存在若干个分等级的监控区域，每个入侵检测系统负责一个区域，每一级入侵检测系统只负责分析所监控的区域，然后将当地的分析结果传送给上一级入侵检测系统。这种结构存在以下问题：第一，当网络拓扑结构发生改变时，区域分析结果的汇总机制也需要做出相应的调整；第二，这种结构的入侵检测系统最终还是要把收集到的结果传送到最高级的检测服务器上并进行全局分析，所以系统的安全性并没有实质性的提高。

③协作式入侵检测系统。协作式入侵检测系统将中央检测服务器的任务分配给多个基于主机的入侵检测系统，这些入侵检测系统不分等级，各司其职，负责监控当地主机的某些活动。因此，协作式入侵检测系统的可伸缩性、安全性都得到了显著提高，但维护成本也相应增加了，并且增加了所监控主机的工作负荷。

（4）根据工作方式分类

入侵检测系统根据工作方式可分为离线检测系统和在线检测系统。

①离线检测系统。离线检测系统是一种非实时工作的系统，在事件发生后分析审计事件，从中检测出入侵事件。这类系统的成本低，可以分析大量事件，调查长期情况，但由于是在事后进行，不能为系统提供及时的保护，而且很多入侵在完成后都会将审计事件删除，因而难以保证检测的效果。

②在线检测系统。在线检测系统可以对网络数据包或主机的审计事件进行实时分析、快速响应，从而保护系统安全，但在系统规模较大时，难以保证检测的实时性。

（5）根据其他特征分类

作为一个完整的系统，系统的特征也同样值得认真研究。一般来说，可以根据以下一些重要特征对入侵检测系统进行分类。

①系统的设计目标。不同的入侵检测系统有不同的设计目标。有的只提供记账功能，其他功能由系统操作人员完成；有的提供响应功能，根据所做出的判断自动采取相应的措施。

②系统收集事件信息的方式。根据入侵检测系统收集事件信息的方式，可将其分为基于事件的入侵检测系统和基于轮询的入侵检测系统两类。基于事件的入侵检测系统也称被动映射的入侵检测系统，在这种入侵检测系统中，检测器能够持续地监控事件流，事件的发生激活信息的收集。基于轮询的入侵检测系统也称主动映射的入侵检测系统，在这种入侵检测系统中，检测器能够主动查看各监控对象，收集所需信息，并判断一些条件是否成立。

③系统的检测时间。根据系统监控到事件和对事件进行分析处理之间的时间间隔，入侵检测系统可分为实时的入侵检测系统和延时的入侵检测系统两类。有些系统以实时或近乎实时的方式持续地监控从信息源发出的信息，而另一些系统在收集到信息后，要隔一定的时间才能处理这些信息。

④系统的入侵检测响应方式。根据响应方式，入侵检测系统可分为主动响应的入侵检测系统和被动响应的入侵检测系统。被动响应的入侵检测系统只会发出警告通知，将发生的不正常情况报告给管理员，本身并不试图降低入侵所造成的破坏，更不会主动地对攻击者采取反击行动。主动响应的入侵检测系统可以分为两类，即对被攻击系统实施控制的入侵检测系统和对攻击系统实施控制的入侵检测系统。对攻击系统实施控制的入侵检测系统主要采用对被攻击系统实施控制，通过调整被攻击系统的状态，阻止或减轻攻击影响，如断开网络

连接、增加安全日志、杀死可疑进程等。

⑤数据处理地点。审计数据可以集中处理，也可以分散处理。

实际的入侵检测系统常常要综合采用多种技术，具有多种功能，因此很难将一个实际的入侵检测系统归于某一类，它们通常是这些类别的混合体，某个类别只是反映这些系统的一个侧面。

（三）入侵检测的步骤

入侵检测通过执行以下任务来实现：①监视、分析用户及系统活动；②系统构造和弱点的审计；③识别反映已知进攻的活动模式并向相关人士报警等；④异常行为模式的统计分析；⑤评估重要系统和数据文件的完整性；⑥操作系统的审计跟踪管理，并识别用户违反安全策略的行为。

入侵检测的一般步骤包括信息收集和信息检测分析。

1.信息收集

入侵检测的第一步是信息收集，内容包括系统、计算机网络、数据及用户活动的状态和行为。需要在计算机网络系统中的若干不同关键点（不同网段和不同主机）收集信息，这是因为从一个信息源来的信息有可能看不出疑点，但从几个信息源来的信息的不一致性却是可疑行为或入侵的最好标识。入侵检测在很大程度上依赖于收集信息的可靠性和正确性。入侵检测利用的信息一般来自以下方面：

（1）系统和计算机网络日志文件

入侵者经常在系统日志文件中留下他们的踪迹，因此充分利用系统和计算机网络日志文件信息是检测入侵的必要前提。日志文件中记录了各种行为类型，每种类型又包含不同的信息，如记录"用户活动"类型的日志就包含登录，用户 ID 改变，用户对文件的访问、授权和认证信息等内容。通过查看日志文件，用户能够发现成功的入侵或入侵企图，并启动相应的应急响应程序。

（2）目录和文件中不期望的改变

计算机网络环境中的文件系统包含很多软件和数据文件，其中含有重要信息的文件和私有数据文件经常是攻击者修改或破坏的目标。目录和文件中不期望的改变（包括修改、创建和删除），特别是那些在正常情况下限制访问的，很可能就是一种入侵产生的指示和信号。攻击者经常替换、修改和破坏他们获得访问权的系统中的文件，同时为了隐藏系统中他们的表现及活动痕迹，又会尽力替换系统程序或修改系统日志文件。

（3）程序执行中的不期望行为

计算机网络系统中的程序一般包括操作系统、计算机网络服务、用户启动的程序和特定目的的应用。每个在系统上执行的程序由一到多个进程实现，而每个进程又在具有不同权限的环境中被执行，这种环境控制着进程可访问的系统资源、程序和数据文件等。一个进程的执行行为由它运行时执行的操作来表现，操作执行的方式不同，利用的系统资源也就不同。一个进程出现了不期望的行为，表明可能有人正在入侵该系统。入侵者可能会将程序或服务的运行分解，从而导致程序或服务的运行失败。

（4）物理形式的入侵信息

这包括两个方面的内容，一是对计算机网络硬件的未授权连接；二是对物理资源的未授权访问。入侵者会想方设法突破计算机网络的周边防卫，如果他们能够在物理层面上访问内部网，就能安装他们自己的设备，进而探知网上由用户加上去的不安全（未授权）设备，然后利用这些设备访问计算机网络。

2.信息检测分析

信息检测分析是指信息收集器将收集到的有关系统、计算机网络、数据及用户活动的状态和行为等信息传送到分析器，由分析器对其进行分析。分析器一般采用三种技术对其进行分析：模式匹配、统计分析和完整性分析。前两种技术用于实时的计算机网络入侵检测，而完整性分析用于事后的计算机网络入侵检测。

（1）模式匹配

模式匹配就是将收集到的信息与已知的计算机网络入侵和系统误用模式数据库进行比较，从而发现违背安全策略的行为。该过程可以很简单（如通过字符串匹配以寻找一个简单的条目或指令），也可以很复杂（如利用正规的数学表达式表示安全状态的变化）。该方法的一大优点是只需收集相关的数据集合，这就显著减轻了系统负担，且该方法所使用的技术已相当成熟，检测的准确率和效率都相当高。但是，该方法的弱点就是需要不断地升级以对付不断出现的攻击手段。

（2）统计分析

统计分析首先给系统对象（如用户、文件、目录和设备等）创建一个统计描述，统计正常使用时的一些测量属性（如访问次数、操作失败次数和时延等）。测量属性的平均值将被用来与计算机网络、系统的行为进行比较，当任何观察值在正常范围之外时，就有可能有入侵发生。其优点是可检测到未知的入侵和更为复杂的入侵；其缺点是误报率、漏报率高，且不适应用户正常行为的突然改变。具体的统计分析方法有基于专家系统的分析方法、基于模型推理的分析方法和基于计算机神经网络的分析方法。

（3）完整性分析

完整性分析主要关注某个文件或对象是否被更改。完整性分析能够利用强有力的加密机制来识别微小的变化。其优点是不管模式匹配方法和统计分析方法能否发现入侵，只要是攻击导致的文件或其他对象的任何改变，它都能发现；其缺点是一般以批处理方式实现，不能用于实时响应。尽管如此，完整性分析依然是维护计算机网络安全的必要手段之一。例如，可以在某一天的某个特定时间段开启完整性分析，对计算机网络系统进行全面的扫描检查。

（四）入侵检测与防火墙的对比

过去，防范网络攻击常用的方法是使用防火墙。为了更好地说明入侵检测的必要性，需要对入侵检测与防火墙作一个比较。

防火墙是在被保护网络周边建立的、分隔被保护网络与外部网络的系统，其通过对网络做拓扑结构和服务类型上的隔离来加强网络安全。防火墙的保护对象是网络中有明确闭合边界的网块，防范对象则是来自被保护网块外部的安全威胁。防火墙通过在网络边界上建立相应的网络通信监控系统，拒绝非法的连接请求，来达到保护网络安全的目的。

采用防火墙技术的前提条件：①被保护的网络具有明确定义的边界和服务；②网络安全的威胁仅来自外部网络。

监测、限制或更改穿过防火墙的数据流，尽可能地对外部网络屏蔽有关被保护网络的信息和结构，可实现对网络的安全保护，降低风险。但仅仅使用防火墙保障网络安全是远远不够的。首先，防火墙本身会有各种漏洞，有可能被黑客攻破；其次，防火墙不能阻止内部攻击，对内部入侵者来说防火墙毫无作用。

另外，有些外部访问可以绕开防火墙。例如，内部用户通过调制解调器拨号接入因特网，从而开辟一个不安全的通路，而这一连接并没有通过防火墙，防火墙对此没有任何监控能力。因此，仅仅依赖防火墙系统并不能保证足够的安全。入侵检测是防火墙的合理补充，为网络安全提供实时的入侵检测并采取相应的防护手段，如记录证据用于跟踪入侵者和灾难恢复、发出警报，甚至终止进程、断开网络连接等。其从计算机网络系统中的若干关键点收集信息并分析这些信息，看看网络中是否有违反安全策略的行为和遭到袭击的迹象。入侵检测被认为是防火墙之后的第二道安全闸门，在不影响网络性能的情况下，能对网络进行监测，从而减少内部攻击、外部攻击和误操作所带来的损害。

入侵检测系统一般不采取预防措施来防止入侵事件的发生，入侵检测作为一种安全技术，其主要目的包括：①识别入侵者；②识别入侵行为；③检测和监视已成功的安全突破；④为对抗入侵，及时提供重要信息，阻止事件的发生和事态的扩大。

可见，入侵检测对建立一个安全系统来说是非常必要的，可以弥补传统安全保护措施的不足。作为一类目前备受关注的网络安全技术，入侵检测也有很多不足，具体如下：

第一，入侵检测系统本身还在迅速发展和变化，尚未成熟。目前，绝大多数的商业入侵检测系统的工作原理和病毒检测相似，自身带有一定规模和数量的入侵特征模式库，可以定期更新。该系统有很多弱点：①不灵活，仅对已知的攻击手段有效；②特征模式库的提取和更新依赖手工方式，维护不易。具有自适应能力的入侵检测系统尚未成熟，检测技术在理论上还有待突破。

第二，现有的入侵检测系统错报率偏高，严重干扰检测结果。如果入侵检测系统对原本不是攻击的事件产生了错误的警报，那么会产生两种后果：①忽略警报，但这样做和安装入侵检测系统的初衷相悖；②重新调整临界阈值，使系统对虚报的事件不再敏感，但这样做之后，一旦有真的相关攻击事件发生，入侵检测系统若没有报警，同样会降低入侵检测系统的功效。

第三，事件响应与恢复机制不完善。这一部分对入侵检测系统非常重要，但目前该部分几乎被忽略且并没有一个完善的响应恢复体系，远不能满足人们的期望和要求。

第四，入侵检测系统与其他安全技术的协作性不够。如今，网络系统中往往有很多其他安全技术。如果它们之间能够相互配合，那么对入侵检测系统进一步增强自身的检测和适应能力是有帮助的。

第五，入侵检测系统缺少对检测结果做进一步说明和分析的辅助工具，这会妨碍用户进一步理解看到的数据或图表。

第六，入侵检测系统缺乏国际统一的标准。它没有关于描述入侵过程和提取攻击模式的统一规范，没有关于检测和响应模型的统一描述语言，监测引擎的定制处理没有标准化。

第二节　密码学与密钥管理

一、密码学

数据加密是计算机网络安全很重要的一个组成部分。在因特网上进行文件传输、电子邮件商务往来时，尤其是一些机密文件在网络上传输时，存在许多不安全因素。这种不安全性是因特网本身存在且传输控制协议所固有的。解决上述难题的方案就是加密，加密后的口令即使被黑客获取也是不可读的，加密后的文件没有收件人的私钥无法解开。加密的作用就是防止具有价值或私有化的信息在网络上被拦截或窃取。文件加密不只用于电子邮件或网络上的文件传输，也可用于对静态文件的保护，如个人信息管理软件就可以对磁盘、硬盘中的文件进行加密，以防他人窃取其中的信息。

加密是保障数据安全的一种方式，是一种主动的信息安全防范措施，其原理是利用加密算法，将明文转换成为无意义的密文，阻止非法用户理解原始数据，从而确保数据的安全性。明文变为密文的过程称加密，由密文还原为明文的过程称解密，加密和解密的规则称密码算法。在加密和解密的过程中，由加密者和解密者使用的加/解密的可变参数叫作密钥。目前，获得广泛应用的两种加密技术是对称密钥加密技术和非对称密钥加密技术。

为保证网络信息的安全，政府部门十分重视密码设置工作，有的设立庞大机构、拨出巨额经费、集中数以万计的科技人员、投入大量电子计算机和其他先进设备进行研究。同时，企业界和学术界也对密码设置日益重视，不少数学家、计算机学家和其他有关学科的专家投身于密码学的研究行列，这些都加快了密码学的发展。

（一）加密的起源

加密作为保障数据安全的一种方式，其起源要追溯到公元前 2000 年，埃及人是最先使用象形文字作为信息编码的。

现代加密技术主要应用于军事领域，最广为人知的编码机器是恩尼格玛密码机。在第二次世界大战中，德国人利用它创建了加密信息。当初，计算机的研究就是为了破解德国人的密码。随着计算机运算能力的增强，过去的加密方式变得十分简单，于是人们又开始研究新的数据加密方式。

（二）密码学的基本概念

密码学是研究编制密码和破译密码的技术科学。研究密码变化的客观规律，应用于编制密码以保守通信秘密的，称为编码学；应用于破译密码以获取通信情报的，称为破译学。二者统称为密码学。

密码是通信双方按约定的规则进行信息交流的一种重要保密手段。依照这些法则，变明文为密文，就是加密变换；变密文为明文，就是解密变换。早期密码仅对文字或数码进行加/解密变换，随着通信技术的发展，对语音、图像、数据等都可以实施加/解密变换。

加密有载体加密和通信加密两种。密码学主要研究通信加密，而且仅限于数据通信加密。要详细、深入地了解密码学，首先要掌握以下术语：

密码：用来检查对系统或数据未经验证访问的安全性的术语或短语。

加密：通过密码系统把明文变换为不可懂的形式的密文。

加密算法：实施一系列变换，使信息变成密文的一组数学规则。

解密：使用适当的密钥，将已加密的文本转换成明文。

密文：经过加密处理而产生的数据，其语义内容是不可用的。

明文：可理解的数据，其语义内容是可用的。

公共密钥：公共密钥是加密系统的公开部分，只有所有者才知道私用部分的内容。

私有密钥：公钥加密系统的私有部分。私有密钥是保密的，不通过网络传输。

数字签名：附加在数据单元上的一些数据，或是对数据单元所做的密码变换。这种数据或变换允许数据单元的接收者用以确认数据单元的来源和数据单元的完整性，并保护数据，防止被他人伪造。

身份认证：验证用户、设备和其他实体的身份，验证数据的完整性。

机密性：这一性质使信息不泄露给非授权的个人、实体或进程，不为其所用。

数据完整性：信息系统中的数据与原文档相同，未曾遭受偶然或恶意的修改或破坏。

防抵赖：防止在通信中涉及的实体不承认参加该通信的全部或一部分。

（三）传统加密技术

传统的加密方法可以分为替代密码与换位密码两类。

1.替代密码

在替代密码中，用一组密文字母来代替一组明文字母以隐藏明文，但需保持明文字母位置不变。

最古老的替代密码是恺撒密码，它用 D 表示 a，用 E 表示 b，用 F 表示 c……用 C 表示 z，也就是说，密文字母相对明文字母左移了 3 位。为清楚起见，一律用小写表示明文，用大写表示密文，这样明文的 cipher 就变成了密文的 FLSKHU。较为常见的加密技术是让密文字母相对明文字母左移数位，这样左移位数就成了加密和解密的密钥。这种密码是很容易被破译的，因为最多只需尝试 25 次即可轻松破译密码。

较为复杂的加密技术是使明文字母和密文字母之间互相映射，它没有规律可循，比如将 26 个英文字母随意映射到其他字母上，这种方法称为单字母表替换，其密钥对应整个字母表的 26 个字母。虽然这个系统看起来是很安全的，因为若要试遍所有 26 种可能的密钥，即使计算机每微秒试一个密钥，也需要 1 013 年，但事实上完全不需要这么做，破译者只需要拥有少量的密文知识，利用自然语言的统计特征，就能很容易破译密码。破译的关键在于找出各种字母或字母组合出现的频率。统计发现，英文中字母 e 出现的频率最高，其次是 t、o、a、n、i 等，常见的两个字母的组合依次为 th、in、er、re 和 an，常见的三个字母组合依次为 the、ing、and 和 ion。破译者可先将密文中出现频率最高的字母定为 e，频率次高的字母定为 t，然后猜测常见的两个字母的组合、三个字母的组合。例如，密文中经常出现 tXe，就可以推测 X 很有可能就是 h，如经常出现 thYt，则 Y 很可能就是 a 等。采用这种合理的推测，破译者就可以逐字逐句得出一个试验性的明文。

2.换位密码

换位密码，又叫置换加密，是将明文字母互相换位，明文的字母保持相同，但顺序被打乱。它最大的特点是不需对明文字母做任何变换，只需要将明文字母的顺序按密钥的规律相应地排列组合后即可形成密文。

线路加密法是一种换位加密。在线路加密法中，明文的字母按规定的次序排列在矩阵中，然后用另一种次序选出矩阵中的字母，排列成密文。例如，纵行换位密码中，明文以固定的宽度水平写出，密文按垂直方向读出。

明文：

COMPUTERGRAPHICSMAYBESLOWBUTATLEASTITSEXPENSIVE

将明文 10 个字母为一行，排成纵列：

COMPUTERGR

APHICSMAYB

ESLOWBUTAT

LEASTITSEX

PENSIVE

然后，按垂直方向写出密文。

密文：

CAELPOPSEEMHLANPIOSSUCWTITSBIVEMUTERATSGYAERBTX

从上例可以看出，无论怎样变换位置，密文字符都与明文字符的数目保持相同。

此种加密方法保密程度较高，但其最大的缺点是密文能够呈现出字母自然出现的频率。破译者只需要统计分析密文字母，采取先假定密钥长度的方法，对密文进行排列组合，借助计算机的高速运算能力及常用字母的组合规律，即可进行破译。

以上是传统的加密技术，传统的加密技术有以下特点：一是加密密钥与解密密钥相同；二是加密算法比较简单，主要侧重增加密钥长度以提高保密程度。

（四）对称密钥算法

对称密钥算法是一种现代常见的加密技术，在这种加密技术中，加密密钥能够从解密密钥中推算出来，反过来也成立。在大多数对称密钥算法中，加/解密密钥是相同的，这些算法也叫秘密密钥算法或单密钥算法。

1.对称密钥算法加密的要求

①需要强大的加密算法，即使对方知道了算法并能访问一些密文，也无法破译密文或得出密钥。

②发送方和接收方必须用安全的方式获得保密密钥的副本，必须保证密钥的安全。如果有人发现了密钥，并知道了算法，则使用此密钥的所有通信便都是可读取的。常规机密的安全性取决于密钥的保密性，而不是算法的保密性。也就是说，即使知道了密文和加密技术及解密算法，也不一定能解密信息。

2.一些常用的对称密钥加密算法

（1）数据加密标准

常用的加密方案是美国国家标准与技术研究院（National Institute of Standards and Technology, NIST）在 1977 年采用的数据加密标准（data encryption standard, DES），它是联邦信息处理的第 46 号标准。DES 主要采用替换和移位的方法加密，它用 56 位密钥对 64 位二进制数据块进行加密，每次加密可对 64 位数据进行 16 轮编码，经一系列替换和移位后，输入的 64 位原始数据便转换成完全不同的 64 位输出数据。

DES 算法适用于最大为 64 位的标准算术和逻辑运算，运算速度快，密钥容易产生。DES 算法的缺点是不能提供足够的安全性，因为其密钥容量只有 56 位。因此，后来又提出了三重 DES 系统，即使用三个不同的密钥对数据块进行三次加密。DES 本身虽不够安全，但其改进算法的安全性还是相当可靠的。

（2）国际数据加密算法

国际数据加密算法（international data encryption algorithm, IDEA）是上海交通大学教授来学嘉与瑞士学者詹姆斯·梅西（James Massey）联合提出的，并在 1990 年正式公布。它的明文和密文都是 64 bit（比特，数字化信息的最小度量单位），但密钥为 128 bit。IDEA 是作为迭代的分组密码实现的，使用 128 位的密钥和 8 个循环。与 DES 相比，IDEA 更具安全性，但是在选择用于 IDEA 的密钥时，应该排除那些被称为"弱密钥"的密钥。DES 只有 4 个弱密钥和 12 个次弱密钥，而 IDEA 中的弱密钥数有 2^{51} 个。但是，如果密钥的总数够大，达到 2^{128} 个，那么仍有 2^{77} 个密钥可供选择。IDEA 被认为是极安全的，使用 128 位的密钥，暴力攻击中需要进行的测试次数与 DES 相比会明显增加，甚至允许对弱密钥测试。

解密密钥必须和加密密钥相同，这是对称密钥算法的一个弱点，也导致如何安全地分发密钥这一问题出现。传统上是由一个中心密钥生成设备产生一个相同的密钥对，并由人工信使将其传送到各自的目的地。对一个拥有许多部门的组织来说，这种分发方式是不能令人满意的，尤其是出于安全方面的考虑，需要经常更换密钥时更是如此。此外，两个完全陌生的人要想秘密通信，就必须通过实际会面来商定密钥，否则别无他法。

（五）加密技术在网络中的应用

加密技术用于网络安全通常有两种形式，即面向网络服务或面向应用服务。面向网络服务的加密技术工作在网络层或传输层，使用经过加密的数据包传送、认证网络路由和其他网络协议所需的信息，从而保证网络的连通性和可用性。在网络层上实现的加密技术对网络应用层的用户而言是透明的。此外，通过适当的密钥管理机制，使用这一方法还可以在公用网络上建立虚拟专用网络，并保障其信息安全性。面向网络应用服务的加密技术是目前较为流行的加密技术。这一类加密技术应用起来相对较为简单，不需要对电子信息（数据包）所经过的网络的安全性能提出特殊要求。

在通信网络的传输方面，数据加密技术还可分为链路加密方式、节点到节点加密方式和端到端加密方式三类。

链路加密方式是普通网络通信安全主要采用的方式。它不但对数据报文的正文进行加密，而且把路由信息、校验码等控制信息全部加密。因此，当数据报文到某个中间节点时，必须被解密以获得路由信息和校验码，进行路由选择、差错检测，然后才能被加密，发送到下一个节点，直到数据报文到达目的节点为止。

节点到节点加密方式是为了弥补在节点中数据明文传输的漏洞，在中间节点里装有加/解密的保护装置，由这个装置来完成一个密钥向另一个密钥的交换。因此，除了在保护装置内，其他地方都不会出现明文。但是这种方式和链路加密方式一样需要公共网络提供者配合，修改交换节点，增加安全单元或保护装置。

在端到端加密方式中，由发送方加密的数据在没有到达最终目的节点之前是不被解破的，加/解密只在源、宿节点进行，因此这种方式可以按各种通信对象的要求改变加密密钥，以及按应用程序进行密钥管理等，而且采用这种方式可以解决文件加密问题。

二、密钥管理

密钥管理是数据加密技术中的重要一环，密钥管理的根本意图是提高系统的安全保密程度。一个良好的密钥管理系统，除在生成与分发过程中尽量减少人工干预外，还应做到以下几点：①密钥难以被非法窃取；②在一定条件下，即使密钥被窃取了也无用；③密钥分发和更换的过程，对用户是透明的，但用户不一定亲自掌握密钥。

密钥是加密运算和解密运算的关键，也是密码系统的关键。密码系统的安全取决于密钥的安全，而不是密钥算法或保密装置本身的安全。即使公开了密码体制，或者丢失了密码设备，同一型号的加密设备也仍然可以继续使用，但密钥一旦丢失或出错，非法用户就可以窃取信息。密钥管理在计算机安全保密系统的设计中极为重要。

（一）密钥的分类和作用

在同一密码系统中，为保证信息和系统安全，常常需要多种密钥，每种密钥都有不同的任务。下面介绍几种常用的密钥。

1.初级密钥

保护数据（加密和解密）的密钥叫作初级密钥，又叫数据加密（数据解密）密钥。当初级密钥直接用于保障通信安全时，叫作初级通信密钥；当初级密钥在通信会话期间用于保护数据时，叫作会话密钥；当初级密钥用于直接保护文件安全时，叫作初级文件密钥。

2.钥加密钥

对密钥进行保护的密钥称为钥加密钥，保护初级密钥的密钥叫作二级密钥，二级密钥可以分为二级通信密钥和二级文件密钥。

3.主机密钥

一个大型的网络系统可能有上千个节点或端用户，若要实现全网互通，每个节点就要保存用于与其他节点或端用户进行通信的二级密钥和初级密钥，这些密钥要形成一张密钥表，保存在节点（或端节点的保密装置）内，若以明文的形式保存，则有可能会被窃取。为保证密钥表的安全，通常还需要设置一个密钥对密钥表进行加密保护，此密钥称为主机密钥或主控密钥。

在一个系统中，除了上述密钥，还可能有通播密钥、共享密钥等，它们也有各自的用途。

（二）密钥的随机性要求和产生技术

1.密钥的随机性要求

密钥是数据保密的关键。密钥的一个基本要求是具有良好的随机性。在普通的非密码应用场合，人们只要求其随机数呈现平衡的、等概率的分布特点，而不要求它具有不可预测性。而在密码技术中，特别是在密钥产生技术中，不可预测性是随机性的一个基本要求，因为那些虽然能经受随机统计检验但很容易被预测的序列肯定是容易被攻破的。

2.密钥产生的技术

现代通信技术中需要产生大量的密钥，以分配给系统中的各个节点和实体，因此实现密钥产生的自动化，不仅可以减轻人工产生密钥的工作负担，还可以消除人为因素引起的泄密。

（1）密钥产生的硬件技术

噪声源技术是密钥产生的常用技术，因为噪声源的功能就是产生二进制的随机序列或与之对应的随机数，它是密钥产生设备的核心部件。噪声源的另一个功能是在物理层加密的环境下进行信息填充。噪声源技术还被用于某些身份验证技术中。例如，在对等实体中，为防止口令被窃取，常常使用随机应答技术，这里的提问与应答都是由噪声控制的。如果噪声源的随机性不强，就会给破译带来线索，某些破译方法还特别依赖加密者使用简单的或容易猜出来的密钥。噪声源输出的随机数序列按照产生的方法可以分为以下几种：

①伪随机序列。伪随机序列也称作伪码，具有近似随机序列（噪声）的性质，而又能按照一定规律（周期）产生和复制，因为真正的随机序列是只能产生不能复制的，所以称其为伪随机序列。伪随机序列一般有良好的、能经受理论检验的随机统计特性。常用的伪随机序列有 M 序列和 R-S 序列。

②物理随机序列。它指用热噪声等方法产生的随机序列。实际的物理噪声往往要受到温度、电源、电路特性等因素的制约，其统计特性常常带有一定的偏向性。

③准随机序列。用数学方法和物理方法相结合产生的随机序列可以克服伪随机序列和物理随机序列的缺点。

（2）密钥产生的软件技术

X9.17 标准产生密钥的算法是三重 DES，算法的目的并不是产生容易记忆的密钥，而是在系统中产生一个会话密钥或是伪随机数。

（三）不同类型密钥的产生方法

1.主机主密钥的产生方法

这类密钥通常要用诸如通过掷硬币、骰子，从随机数表中选数等随机方式产生，以保证密钥的随机性，避免可预测性。而任何机器和算法所产生的密钥都有被预测的风险。主机主密钥是控制产生其他加密密钥的密钥，而且长时间保持不变，因此它的安全性是至关重要的。

2.密钥加密密钥的产生方法

密钥加密密钥可以由机器自动产生，也可以由密钥操作员选定。由密钥加密密钥构成的密钥表存储在主机的辅助存储器中，只有密钥产生器才能对此表进行增加、修改、删除和更换密钥，其副本则以秘密方式抄送给相应的终端或主机。一个有 n 个终端用户的通信网，若要求任意一对用户之间彼此能进行保密通信，则需要 $n(n-1)/2$ 个密钥加密密钥。当 n 较大时，难免有一个或数个被敌手掌握。因此，密钥产生算法应当能够保证其他用户的密钥加密密钥仍有足够的安全性。可用随机比特产生器（如噪声二极管振荡器等）或伪随机数产生器生成这类密钥，也可用主密钥控制下的某种算法产生。

3.会话密钥的产生方法

会话密钥可在密钥加密密钥作用下通过某种加密算法动态地产生，如用初始密钥控制一个非线性移位寄存器或用密钥加密密钥控制 DES 算法产生。初始密钥可用产生密钥加密密钥或主机主密钥的方法生成。

（四）密钥的分发

密钥管理还需解决密钥的定期更换问题。任何密钥都应有规定的使用期限，确定使用期限的依据不是看在这段时间内密码能否被破译，而是从概率的意义上看密钥机密是否有可能被泄露。从密码技术的现状来看，现在完全可以做到使加密设备里的密钥几年内不更换，甚至在整个加密设备的有效期内保持不变。但是，加密设备里的密钥在使用一段时间后就有可能被窃取或被泄露。显然，密钥应当尽可能地经常更换，更换密钥时应尽量减少人工干预，必要时一些核心密钥对操作人员也要保密，这就涉及密钥分发技术。

密钥分发技术中最成熟的方案是采用密钥分发中心（key distribution center, KDC），其基本思想如下：

①每个节点或用户只需保管与 KDC 之间使用的密钥加密密钥，这样的密钥配置实现了以 KDC 为中心的星形通信网。

②当两个用户需要相互通信时，只需向 KDC 申请，KDC 就把加密过的工作密钥分别发送给主叫用户和被叫用户，这样对每个用户来说就不需要保存大量的密钥，而且真正用于加密明文的工作密钥是一报一换的，可以做到随用、随申请、随清除。

③为保证 KDC 正常，还应注意非法第三者不能插入伪造的服务而取代KDC，这种验证身份的工作也是 KDC 的工作。

1.对称密钥的分发

对称密钥密码体制的主要特点是加/解密双方在加/解密过程中要使用完全相同的密钥。对称密钥密码体制存在的主要问题是因为加/解密双方都要使用相同的密钥，所以在发送、接收数据之前，必须完成密钥的分发。因此，密钥的分发便成了该加密体系中最薄弱、风险最大的环节。

由于公钥加密的安全性高,因此对称密钥密码体制多采用公钥加密的方法。发送方用接收方的公钥把要传递的密钥加密，接收方用自己的私钥解密传递过来的密钥，而其他人由于没有接收方的私钥，所以不可能得到传递的密钥，这样，对称密钥密码体制的密钥在传递过程中被破解的可能性就大大降低。

用一个实例来说明对称密钥密码体制的密钥分发存在的问题。例如，有 n 方参与通信，若 n 方都采用同一个对称密钥，则密钥管理和传递的过程会容易很多，但是一旦密钥被破解，整个体系就会崩溃。若采用不同的对称密钥，则需 $n(n-1)/2$ 个密钥。假设在某机构中有 100 个人，任何两个人之间都需要不同的密钥，则总共需要 4 950 个密钥，而且每个人应记住 99 个密钥。如果机构的人数是 1 000、10 000，甚至是更多，密钥管理将是一个大工程。

为能在因特网上提供一个实用的解决方案，有学者建立了一个安全的、可信任的密钥分发中心，每个用户只要知道一个和 KDC 进行会话的密钥就可以了，不需要知道成百上千个不同的密钥。假设用户甲想要和用户乙秘密通信，则用户甲要先和 KDC 通信，用只有用户甲和 KDC 知道的密钥进行加密，用户甲告诉 KDC 他想和用户乙通信，KDC 会为用户甲和用户乙之间的会话随机选择一个对话密钥并生成一个标签，这个标签用 KDC 和用户乙之间的密钥进行加密，并在用户甲启动和用户乙的对话时，把这个标签交给用户乙。这个标签的作用是让用户甲确信和他交谈的是用户乙，而不是冒充者。因为这个标签是由只有用户乙和 KDC 知道的密钥进行加密的，所以即使冒充者得到用户甲发出的标签也不可能解密，只有用户乙收到后才能够解密，从而确定与用户甲对话的人就是用户乙。

2.公钥的分发

非对称密钥密码体制，即公开密钥密码体制，能够验证信息发送人与接收人的真实身份，使发出或接收的信息在事后具有不可抵赖性，同时能够保障数据的完整性。这里有一个前提就是要保证公钥和公钥持有人之间的对应关系。因为任何人都可以通过多种不同的方式公布自己的公钥，如个人主页、电子邮件和其他一些公用服务器等，其他人无法确认他所公布的公钥是否就是他自己的。

比如说 C 想传给 A 一个文件，于是开始查找 A 的公钥，但是这时 B 从中捣乱，他用自己的公钥替换了 A 的公钥，让 C 认为 B 的公钥就是 A 的公钥，C 最终用 B 的公钥加密文件，结果 A 无法打开文件，而 B 可以打开文件，这样 B 就实现了对保密信息的窃取。因此，就算采用非对称密码技术，仍旧无法完全保证保密性。那么如何准确地得到别人的公钥呢？这时就需要一个仲裁机构，或者说是一个权威机构，这实际上也是应用公钥技术的关键，即如何确认某个人真正拥有公钥（及对应的私钥）。为保证用户与所持有密钥的正确匹配，公开密钥系统需要一个值得信赖而且独立的第三方机构充当认证中心来确认公钥拥有人的真正身份。认证中心发放一个叫作"公钥证书"的身份证明，"公钥证书"通常简称为"证书"，是一种数字签名的声明，它将公钥的值绑定到持有对应私钥的个人、设备或服务的标识上。像公安机关给身份证盖章一样，认证中心利用自身的私钥为数字证书加上数字签名，任何想发放自己公钥的用户，都可以去认证中心申请自己的证书。认证中心在核实用户真实身份后，向其颁发包含用户公钥的数字证书。其他用户只需要验证证书是真实的，并且信任颁发证书的认证中心，就可以确认用户的公钥，这样用户才能放心、方便地享受公钥技术带来的安全服务。

（五）密钥的保护

密钥保护技术涉及密钥的装入、存储、使用、更换、销毁等方面。

1.密钥的装入

加密设备里的最高层密钥（主密钥或一级密钥）通常需要以人工的方式装入。把密钥装入加密设备经常采用的方式有键盘输入、软盘输入、专用的密钥装入设备（即密钥枪）输入等。密钥的装入应在一个封闭的环境下，不能存在可被窃听装置接收的电磁波或其他辐射。

密钥枪或密钥软盘的使用应与键盘输入的口令相结合，只有输入合法的加密操作口令后，密钥枪或软盘里的密钥信息才能被激活。密钥装入完成后，不允许存在任何可能导出密钥的残留信息。

当使用密钥装入设备远距离传递密钥时，装入设备本身应设计成封闭式的物理、逻辑单元。在可能的条件下，重要的密钥可由多人、多批次分开完成装入，虽然这种方式的代价较高，但能够提供多密钥的加密环境。

密钥装入的内容不能被显示出来。为了掌控密钥装入的过程，所有的密钥应按照编号进行管理，而这些编号是公开的、可显示的。

2.密钥的存储

在密钥装入以后，所有存储在加密设备里的密钥都应以加密的形式存放，而对这些密钥解密的操作口令应由密码操作人员掌握。这样，即使装有密钥的加密设备被破译者拿到，密钥系统的安全也可以得到保证。

密钥的存储需要注意以下几点：①重要的密钥信息应采用掉电保护措施，使得在任何情况下只要一拆开加密设备，这部分密钥就会自动丢失；②如果采用软件加密的形式，应有一定的软件保护措施；③重要的加密设备应有在紧急情况下清除密钥的设计；④在可能的情况下，应有记录对加密设备进行非法使用的设计，把非法口令输入等事件的产生时间记录下来；⑤高级的专用加密装置应做到无论是通过直观的、电子的，还是其他方法，都不可能从加密设备中读出信息；⑥对当前使用的密钥应有密钥的合法性验证措施，以防密钥被篡改。

3.密钥的使用

密钥不能无限期地使用，密钥的使用时间越长，泄露的可能性就越大。不同的密钥应有不同的有效期，例如，电话就是把通话时间作为密钥的有效期，当再次通话时就启动新的密钥。密钥加密密钥无须频繁更换，因为它们只是偶尔进行密钥交换。而用来加密保存数据文件的加密密钥不能经常交换，因为文件可以加密储藏在磁盘上数月或数年。在公开密钥应用中，私人密钥的有效期是根据应用的不同而变化的，用于数字签名和身份识别的私人密钥持续数年甚至终身。

4.密钥的更换

密钥一旦到了有效期，必须清除原密钥存储区，或者用随机产生的噪声重写。新密钥生效后，旧密钥还应继续使用一段时间，以防在更换密钥期间不能解密。

密钥更换可以采用批密钥的方式，即一次性装入多个密钥，在更换密钥时可按照一个密钥生效，另一个密钥废除的形式进行，替代的次序可采用密钥的序号。如果批密钥的生效与废除是按顺序的，那么序数低于正在使用的密钥的所有密钥都已过期，相应的存储区应清零。当为了跳过一个密钥而强制更换密钥时，由于被跳过的密钥不再使用，也应将相应的存储区清零。

5.密钥的销毁

密钥定期更换后，旧密钥就必须销毁。旧密钥是有价值的，即使不再使用，有了它们，攻击者也能读到由它们加密的一些旧消息。要安全地销毁存储在磁盘上的密钥，应多次对磁盘存储的实际位置进行覆盖或将磁盘切碎，用一个特殊的删除程序查看所有磁盘，寻找在未用存储区上的密钥副本，并将它们删除。

第三节 访问控制技术
与安全隔离技术

一、访问控制技术

在网络中要确认一个用户，通常的做法是身份验证，但是身份验证并不能告诉用户能做些什么，而访问控制技术则能解决这个问题。

（一）访问控制的定义

访问控制是策略和机制的集合，它允许用户对限定资源进行授权访问，它也可以保护资源，防止那些无权访问资源的用户的恶意访问或偶然访问。访问控制是信息安全保障机制的核心内容，是对信息系统资源进行保护的重要措施，也是计算机系统中最重要和最基础的安全机制。然而，它无法阻止被授权组织的故意破坏。

（二）主流访问控制技术

目前的主流访问控制技术包括自主访问控制（discretionary access control, DAC）技术、强制访问控制（mandatory access control, MAC）技术、基于角色的访问控制（role-based access control, RBAC）技术。

1.DAC 技术

DAC 技术允许对象的属主制定针对该对象的保护策略。通常，DAC 技术通过授权列表或访问控制列表限定主体对客体执行的操作，对策略进行非常灵活的调整。由于 DAC 技术的易用性与可扩展性，经常将其用于商业系统。

在自主访问控制系统中，用户可以针对被保护对象制定保护策略：①每个主体拥有一个用户名并属于一个组；②每个客体拥有一个限定主体对其访问权限的访问控制列表；③每次访问发生时都会基于访问控制列表检查用户标志，以实现对其访问权限的控制。

在商业环境中，由于自主访问控制技术易于扩展和理解，因此大多数系统仅基于自主访问控制技术实现访问控制，如主流操作系统、防火墙等。

2.MAC 技术

MAC 技术用来保护系统确定的对象，对此对象用户不能进行更改。也就是说，系统独立于用户行为，强制执行访问控制，用户不能改变其安全级别或对象的安全属性。这样的访问控制规则通常对数据和用户按照安全等级划分标签，访问控制技术通过比较安全标签来确定是授予还是拒绝用户对资源的访问。由于强制访问控制技术能够进行严格的等级划分，因此经常用于军事领域。

在强制访问控制系统中，所有主体（用户、进程）和客体（文件、数据）都被分配了安全标签，安全标签起标识安全等级的作用。主体（用户、进程）被分配一个安全等级，客体（文件、数据）也被分配一个安全等级，访问控制执行时对主体和客体的安全级别进行比较。

用一个例子来说明强制访问控制规则的应用，如 Web 以"秘密"的安全级别运行，一旦 Web 服务器被攻击，攻击者只能在目标系统中以"秘密"的安全级别进行操作，而不能访问系统中安全级为"机密"及"高密"的数据。

3.RBAC 技术

RBAC 技术的核心思想是将权限与角色联系起来，在系统中根据应用的需要为不同的工作岗位创建相应的角色，同时根据用户职责指派合适的角色，用户通过所指派的角色获得相应的权限，实现对文件的访问。也就是说，传统的访问控制是直接将访问主体（发出访问操作、有存取要求的主动方）和客体（被调用的程序或欲存取的数据访问）相联系，而 RBAC 在中间加入角色，通过角色沟通主体和客体。

（三）访问控制机制

保护网络资源不被非法使用是访问控制的主要任务，访问控制也是网络信息安全的主要安全策略。下面就访问控制所涉及的几种技术进行简单介绍。

1.入网访问控制

所谓入网，就是指用户登录网络。入网访问控制对能够进入网络的用户进行严格控制，控制的内容包括用户的上网时间、从哪个工作站登录，控制的主要手段就是对用户的登录名和口令进行验证，一旦发现不匹配的用户或口令就予以拒绝，多次登录不成功者则给予警告。

2.权限控制

用户和用户组都有被赋予的权限，该权限控制他们所能够访问的目录、子目录、文件和资源，并且限制他们对这些资源的操作范围。根据用户权限，大致可以把他们分为三类：系统管理员、一般用户和审计用户。

3.目录级安全控制

用户对目录和文件的访问权限有八种：系统管理、读、写、创建、删除、修改、文件查找、访问控制。用户在目录一级的权限对该目录所有文件生效，另外还有委托权限和继承权限，管理员应当为用户指定适当的访问权限，利用上述八种访问权限的组合应用，加强对用户访问资源的控制，提高服务器和网络的安全水平。

4.属性安全控制

属性设置可以覆盖已经指定的任何受托者指派和有效权限。属性往往能控制以下几个方面的权限：拷贝文件、删除目录或文件、查看目录和文件、执行文件、隐含文件、设置共享、修改系统属性等。系统管理员在权限的基础上再设置属性，从而进一步提高网络安全性。

5.服务器安全控制

服务器安全控制有以下功能：①设置口令锁定服务器控制台，防止非法用户修改、删除重要信息或破坏数据。②时间设定，控制服务器允许登录的时间。

二、安全隔离技术

面对网络攻击手段的不断更新和高安全网络的特殊需求，基于全新安全防护理念的安全隔离技术应运而生。该技术的目标是在确保把有害攻击隔离在可信网络之外，并保证可信网络内部信息在不外泄的前提下，完成网间信息的安全交换。隔离概念的出现是为了保护高安全度的网络环境。

（一）安全隔离网闸

安全隔离网闸在国内有很多种叫法，有物理隔离网闸、安全隔离与信息交换系统。安全隔离网闸是在确保安全的前提下实现有限的数据交流，这点与防火墙的设计理念截然不同，防火墙的设计初衷是保证在网络连通的前提下提供有限的安全策略。正是设计目标的不同，注定了安全隔离网闸并不适用于所有的应用环境，而是只能在一些特定的领域应用。在 TCP/IP 中，网闸可分为单向产品和双向产品。双向产品属于应用层存在交互的应用。单向产品指的是在应用层切断交互能力，数据只能由一侧主动向另一侧发送，多应用于工业控制系统的数字交叉连接系统（digital crossconnected system, DCS）网络与管理信息系统（management information system, MIS）网络之间的监控数据传输，这类产品在应用层上不存在交互，所以安全性也是很好的。

安全隔离网闸为了强调隔离，多采用"2＋1"的硬件设计方式，即内网主机＋专用隔离硬件（也称隔离岛）＋外网主机，报文到达一侧主机后对报文的每个层面进行监测，符合规则的报文将被拆解，形成所谓裸数据，交由专用隔离硬件摆渡到另一侧，摆渡过程采用非协议方式，逻辑上内外主机在同一时刻不存在连接，起到彻底切断协议连接的目的。数据摆渡过来后，内网再对其进行应用层监测，符合规则的数据由该主机重新打包并发送到目标主机上。而防火墙是不会拆解数据包的，防火墙只做简单的转发工作，对转发的数据包进行协议检查后，符合规则的通过，不符合规则的拦截。防火墙两边主机是直接进行通信的，由于网闸切断了内外主机之间的直接通信，因此连接是通过间接地与网闸建立联系而实现的。外部网络是无法知道受保护网络的真实 IP 地址的，也无法通过数据包的指纹对目标主机进行软件版本、操作系统的判断，所以网闸攻击者无法收集到任何有用的信息，从而无法展开有效的攻击行为。而由于防火墙的设计初衷是在网络连通的前提下提供有限的安全策略，因此有些防火墙在大流量的情况下，为了保证自身性能，只对发起连接的前几个包进行规则过滤，而对后继报文就直接进行转发，这种设计是相当不安全的。

除硬件的设计优势外，网闸在过滤颗粒度上也会更加细致，能够做到层层设防。各个厂家大多支持根据特殊应用定制专用模块，在应用层上各个厂家的产品差距不大，提供的检测内容也基本相同。网闸在 IP 层通过介质访问控制绑定策略提高安全性。比较先进的网闸技术是能够在 IP 层剥离除地址解析协议（address resolution protocol, ARP）之外的所有协议，并限制 ARP 的应答，使非授权主机根本无法得知网闸的存在，更不用提与另外一侧的通信了。

（二）双网隔离技术

与因特网物理隔离是组建内部局域网的最高安全技术手段，但同时也是限制工作人员对因特网访问的技术手段。为了保证工作人员对内网和外网的同时使用，可以使用单、双布线网络系统。

1.单布线网络系统解决方案（只建立一套网络系统）

方案一：对现有单布线网络系统进行双网改造，采用双机双网或单机双网。

方案二：不改动现有单布线网络系统，增配网络安全隔离集线器和安全隔离卡实现单机双网。

2.双布线网络系统解决方案（同时建立两套物理隔离的网络系统）

方案一：双机双网，每人配备两台电脑，分别连接内、外网络。

方案二：单机双网，每人配备一台具有安全隔离卡的电脑，使用双硬盘或同一硬盘区分工作区访问内、外网络。

第四节　计算机网络安全技术的应用
——以手机银行系统为例

一、手机银行系统安全架构应考虑的指标

手机银行系统安全架构主要考虑以下两个方面的指标：

（一）安全

网络的安全问题是首要问题。其安全性主要体现在以下三个方面：

①能有效地抵御来自外部、内部和中间部分的入侵；根据网络的安全级别进行一定的划分，组成不同的区域。

②从入侵的角度考虑，当网络被入侵时，应使入侵者不容易抵达核心区域。

③网络的安全通过防火墙的安全策略实现，但网络的安全不应只依靠防火墙实现，还应辅以其他手段，如优化管理制度、增加安全检测工具、增强系统自身的安全性。

（二）配套可靠

有了安全的网络，还需要有可靠的配套作保证。

①可靠的网络：在网络中，很有可能存在单点故障，而有效地减少单点故障是提高网络可靠性的重要保证。

②可靠的服务器：服务器的可靠性表现为没有冗余模块，可以实现模块热更换等。

③可靠的服务：实现服务负载分担，不但可以提高服务的容量，还可以在部分服务失效时，保持整个服务有效。

二、手机银行系统架构的安全分析

（一）区域划分安全分析

按照不同的业务功能和安全等级，可以将整个网银系统的防火墙划分为不同的区域，主要包括公网接入区、DMZ 服务区、应用服务区、后台服务区。

1.公网接入区

公网接入区不是用户自主的区域，该区域通过专线接入用户的边缘路由器，而边缘路由器通过分布式拒绝服务（distributed denial of service, DDoS）防护设备和负载均衡设备，再与外层防火墙连接。这一区域是防范外部入侵的第一道防线，在配置上应格外小心。

边缘路由器和防火墙之间有一个网络地址，这一地址在使用上是有要求的。如果使用因特网的私有地址，就可以阻止一些侵害，如阻止从因特网直接访问到路由器的对内网络，或者是到防火墙的对外网口。

对两条介入的公网链路，在负载均衡设备上对其进行链路负载均衡，这样既保证了接入带宽的充分应用，又保证了单条链路故障不影响系统服务。DDoS 的设备部署，可有效适应接入链路的攻击防护需要，有效屏蔽针对后部设备的攻击流量。

在防火墙的安全规则中，应禁止来自前端设备各端口对内、外层防火墙各端口的访问，万一前端设备被攻破，该规则可以防止来自边缘路由器的攻击。

2.DMZ 服务区

该区域是整个网络拓扑对外服务的核心部分，拥有较高的安全级别，经过多层数据封装后传输至 App 应用层以对数据进行验签及解密，在确保数据的准确性后提交 App 进行处理。外部用户的主要服务器一般放置在该区域。

由于外层防火墙和内层防火墙未直接连接，所以若外层防火墙被入侵，入侵者仍无法直接攻击内层防火墙；在该区域内放置入侵检测系统的探头，可及时发现病毒和防止黑客攻击。

Web 服务器在处理请求时可以通过两个渠道进行：行内业务和手机支付业务。行内业务是指 Web 服务器将处理请求提交到 App 服务器之后，App 服务器再进行相应逻辑处理并返回结果；对于手机支付业务，Web 服务器将业务请求提交到电子银行的增值业务服务器，增值业务服务器对其进行相应处理，处理好的数据返回给 Web 服务器之后，一次业务操作的处理就算完成了。Web 服务器与 App 服务器之间需要进行请求，而这一过程必须通过内网进行，并且处于不同区域。App 服务器与增值业务服务器之间的网络连接是通过专线接入增值服务商机房的，中间不经过外部路由，这样就使数据传输的安全性得到提高；也可以通过 Web 进行转发增值业务服务与 App 服务之间的业务提交，但无论是哪种方式，都需要对数据进行加密，以保证数据安全。

3.应用服务区

该区域部署应用服务器和数据库服务器，手机银行应用服务器通过内部防火墙的 inside 口，实现到内部网及后台核心业务系统的通信，串联银行核心系统中的各个模块，形成相应的业务流程，对外提供访问接口，并在这些业务流程的基础上，实现事务管理、用户管理和日志记录等功能，同时与 Web 服务区的服务器以及本区域的业务数据库服务器进行通信。在该区域内可以放置入侵检测系统的探头，及时发现病毒、防止黑客攻击。

4.后台服务区

该区域是用户的内部网络，网银内部管理柜员从此网段访问内部管理系统。

（二）逻辑关系划分安全分析

手机银行系统客户端中各模块间的逻辑关系如图 4-1 所示。

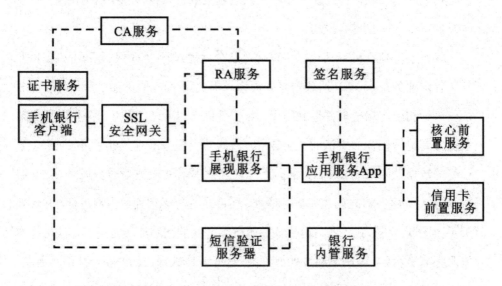

图 4-1　手机银行系统客户端中各模块间的逻辑关系

终端客户对展现服务进行访问时，先由安全套接层（secure sockets layer SSL）提供握手协议，然后对通信双方进行身份认证以及交换加密密钥等处理，以确保数据发送到正确的客户终端和服务器，维护数据的完整性和安全性。在展现服务与 App 进行通信前，由加密平台负责对数据进行转加密，中国金融认证中心（China Financial Certification Authority, CFCA）对数据进行证书签名，在进行多层数据封装后传输至 App 应用层，在应用层先由验签服务器对数据进行验签及解密，在确保数据的准确性后提交 App 进行处理。

　　手机银行应用服务负责提供业务数据给手机银行展现服务，展现服务负责组织展现页面并提供给手机终端。按照银行需要在手机渠道上提供的业务种类，在手机银行应用服务上定义不同业务的业务代码，然后按照业务流程进行相关的核心系统调用以及日志记录和数据存储，并对这些流程进行事务管理。

第五章　计算机网络新技术及应用

第一节　物联网技术及应用

一、物联网概述

（一）物联网的概念

对于物联网的概念，不同领域的研究者所给出的定义侧重点不同，短期内还没有达成共识，比较有代表性的有以下几种：

①通过百度搜索引擎查找物联网的定义，MBA 智库·百科指出，物联网是指通过射频识别（radio frequency identification, RFID）、红外感应器、全球定位系统、激光扫描器、气体感应器等信息传感设备，按约定的协议，把任何物品与互联网连接起来，进行信息交换和通信，以实现智能识别、定位、跟踪、监控和管理的一种网络。简而言之，物联网就是"物物相连的互联网"。物联网的核心和基础仍然是互联网，是在互联网基础上的延伸和扩展的网络，其用户端延伸和扩展到了任何物品与物品之间，进行信息交换和通信，也就是物物相息。

②维基百科又给出这样的定义：把所有物品通过射频识别等信息传感设备和互联网连接起来，实现智能化识别和管理；物联网就是把感应器装备嵌入各

种物体中，然后将"物联网"与现有的互联网连接起来，实现人类社会与物理系统的整合。

③国际电信联盟（International Telecommunications Union, ITU）在 2005 年的一份报告中曾这样描绘物联网时代的图景：司机出现操作失误时汽车会自动报警，公文包会提醒主人忘记带什么东西，衣服会告诉洗衣机对水温的要求等。在物联网的世界中，物品能够彼此"交流"且无须人的干预。物联网时代的到来将会使人们的生活发生翻天覆地的变化。

此外，关于物联网还有一个广义的解释，也就是实现全社会生态系统的智能化，实现所有物品的智能化识别和管理。人们可以在任何时间、任何地点实现与任何物的连接。"中国式"物联网的定义是：物联网是指将无处不在的末端设备和设施，包括具备"内在智能"的传感器、移动终端、工业系统、楼控系统、家庭智能设施、视频监控系统等和"外在使能"的"智能化物件或动物"或"智能尘埃"，如贴上 RFID 的各种资产、携带无线终端的个人与车辆等，通过各种无线和/或有线的长距离和/或短距离通信网络实现互联互通、应用大集成，在内网、专网和/或互联网环境下，采用适当的信息安全保障机制，提供安全可控乃至个性化的实时在线监测、定位追溯、报警联动、调度指挥、预案管理、远程控制、安全防范、远程维保、在线升级、统计报表决策支持、领导桌面等管理和服务功能，实现对"万物"的"高效、节能、安全、环保"的"管、控、营"一体化。

物联网的发展必将对世界各国的政治、经济、社会、文化、军事产生更加深刻的影响，在未来 10～20 年将有可能改变国家之间竞争力量的对比态势。

（二）物联网的主要特点

全面感知、可靠传输与智能处理是物联网的三个显著特点。

1.全面感知

物联网连接的是物，需要能够感知物，并赋予物智能，从而实现对物的感知。物联网利用射频识别、二维码、传感器等感知、捕获、测量技术随时随地对物体进行信息采集，每个数据采集设备都是一个信息源，因此信息源是多样化的。另外，不同设备采集到的物品信息的内容和数据格式也是多样化的，如传感器可能是温度传感器、湿度传感器或浓度传感器，不同传感器传递的信息内容和格式会存在差异。物联网的感知层能够全面感知语音、图像、温度、湿度等信息，并向上层传送。

2.可靠传输

物联网通过前端感知层收集各类信息，还需要通过可靠的传输网络将感知到的各种信息进行实时传输。当然，在信息传输过程中，为了保障数据的正确性和及时性，必须适应各种异构网络和协议。

3.智能处理

对于收集到的信息的处理，互联网在这个过程中仍然扮演重要的角色，利用各种智能计算技术，如机器学习、数据挖掘、云计算、专家系统等，结合无线移动通信技术，构成虚拟网络，及时地对海量数据进行分析和处理，真正达到人与物、物与物的沟通，实现智能化管理和控制的目的。

（三）物联网的应用前景

物联网通过智能感知、识别技术和普适计算，广泛应用于社会各个领域之中，因此被称为继计算机、互联网之后，信息产业发展的第三次浪潮。物联网并不是一个简单的概念，它联合众多对人类发展有益的技术，为人类提供多种多样的服务。国际商业机器公司（International Business Machines Corporation, IBM）认为，信息技术产业下一阶段的任务是把新一代信息技术充分运用到各行各业中，具体地说，就是把感应器嵌入和装备到电网、铁路、桥梁、隧道、公路、建筑、供水系统、大坝、油气管道等物体中，并且普遍连接，形成物联网。在这一巨大的产业中，技术研发人员、工程实施人员、服务监管人员、大规模计算机提供商，以及众多领域的研发者与服务提供人员等都需要积极参与其中。

二、物联网与互联网的关系

随着互联网的不断发展，互联网的泛在化成为新的发展趋势。RFID 技术为互联网的泛在化提供必要条件，互联网也将促成 RFID 技术应用发展的又一次飞跃。如同互联网可以把世界上不同角落的人紧密地联系在一起一样，采用 RFID 技术的互联网也可以把世界上的所有物品联系在一起，而且彼此之间可以互相"交流"，从而组成一个全球性实物相互联系的物联网。

互联网的出现改变了世界，并形成了一个庞大的虚拟世界。物联网不是互联网的翻版，而是互联网的一种延伸，是虚拟世界向现实世界的延伸。作为互联网的延伸，物联网具备了互联网的基本特性。

物联网是 RFID 技术与互联网结合而产生的新型网络，它把人人通信扩展到人人通信、物物通信、人物通信。其中，人人通信是指人与人之间不依赖个人计算机而进行的互联，人物通信是指人利用通用装置与物品之间的连接。物联网具有与互联网类似的资源寻址需求，以确保其中联网物品的相关信息能够被高效、准确和安全地寻址、定位和查询，其用户端是对互联网的延伸和扩展，任何物品都可以通过物联网进行信息交换和通信。

同时，物联网在以下几个方面有别于互联网：

第一，互联网和物联网具有不同应用领域的专用性。

互联网的主要目的是构建一个全球性的信息通信计算机网络，在较短时间内实现全球信息互联、互通。物联网则主要从应用出发，利用互联网、无线通信网络资源进行业务信息的传送，是互联网、移动通信网络应用的延伸，也是自动化控制、遥控遥测及信息应用技术的综合展现。不同应用领域的物联网具有不同的属性，如汽车电子领域的物联网不同于医疗卫生领域的物联网，医疗卫生领域的物联网不同于环境监测领域的物联网，环境监测领域的物联网不同于仓储物流领域的物联网，仓储物流领域的物联网不同于楼宇监控领域的物联网，等等。由于不同应用领域具有完全不同的网络应用需求和服务质量要求，物联网节点大部分都是资源受限的节点，因此只有通过专用联网技术才能满足各领域物联网的应用需求。物联网的应用特殊性及其他特征，使得它无法复制互联网成功的技术模式。

第二，物联网具有高度的稳定性和可靠性。

物联网是与许多关键领域物理设备相关的网络，必须具有较高的稳定性。例如，在仓储物流应用领域，物联网必须是稳定的，不能像现在的互联网一样，时常出现网络不通、电子邮件丢失等问题，仓储的物联网必须稳定地检测进库和出库的物品，不能有任何差错。有些领域的物联网需要较高的可靠性，如医疗卫生领域的物联网，如果不具有较高的可靠性，就无法保障病人的生命安全。

第三，物联网具有严密的安全性和可控性。

物联网的绝大多数应用涉及个人隐私或机构内部秘密，因而物联网必须具有严密的安全性和可控性。物联网系统具有保护个人隐私、防御网络攻击的能力，物联网的个人用户或机构用户可以严密控制物联网中的信息采集、传递和查询操作，不会因个人隐私或机构秘密的泄露而受到伤害。

尽管物联网与互联网有很多不同，但是从信息化发展的角度看，物联网的发展与互联网的发展密不可分，而且和移动通信网络、无线传感网络等的发展有着千丝万缕的联系。

三、物联网的体系结构与关键技术

（一）物联网的体系结构

关于物联网的体系结构，目前业界普遍接受的是三层体系结构，从下到上依次是感知层、网络层和应用层，这也体现了物联网的三个基本特征，即全面感知、可靠传输和智能处理。物联网的三层体系结构如图 5-1 所示。

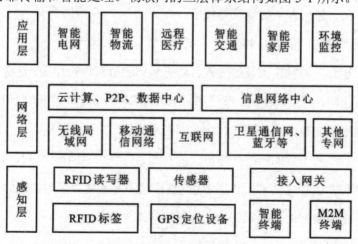

图 5-1　物联网的三层体系结构

1.感知层：全面感知，无处不在

感知层是物联网体系结构中最基础的一层，主要完成对物体的识别和对数据的采集工作。在信息系统发展早期，大多数的物体识别或数据采集采用手工录入方式，这种方式不仅录入的数据量十分庞大，错误率也非常高。自动识别技术的出现，在全球范围内得到迅速发展，它解决了键盘输入带来的问题，相继出现了条码识别技术、光学字符识别技术、卡识别技术、生物识别技术和射频识别技术。

现以大型超市收银系统使用的条码识别技术为例进行说明。收银员用扫描枪扫描一下商品外包装上的条码，系统就能准确知道顾客所购物品是什么。结合传感技术的发展，人们不仅可以知道物品是什么，还能知道它处在什么环境下，如温度、湿度等。如今，许多科学家在研究将自动识别技术与传感技术相结合，让物体具备自主发言能力，通过识别设备，物体就会自动告诉人们：它是什么、在哪个位置、当前温度是多少、压力是多少等。

具体来说，感知层涉及的信息采集技术主要包括传感器、射频识别、多媒体信息采集、条码和实时定位等技术。

2.网络层：智慧连接，无所不容

网络层利用各种接入及传输设备将感知到的信息进行传送。这些信息可以在现有的电网、有线电视网、互联网、移动通信网及其他专用网中传送。因此，这些已建成及在建的通信网络是物联网的网络层。

网络层涉及不同的网络传输协议的互通、自组织通信等网络技术，此外还涉及资源和存储管理技术。现阶段的网络层技术基本能够满足物联网数据传输的需要，未来要针对物联网新的需求优化网络层技术。

3.应用层：广泛应用，无所不能

应用层好比人的大脑，它将收集到的信息进行处理并做出"反应"。应用层通过处理感知数据，为用户提供服务。应用层主要包括物联网应用支撑子层和物联网应用子层，其中物联网应用支撑子层主要涉及基于面向服务的体系结构（service-oriented architecture, SOA）的中间件技术、信息开发平台技术、云计算平台技术和服务支撑技术等；物联网应用子层包括智能交通、智能医疗、智能家居、智能物流、智能电子等应用技术。由于应用层与实际的行业需求相结合，这就要求物联网与很多行业专业技术相融合。

（二）物联网的关键技术

物联网各个层面相互关联，每个层面都有很多技术支撑，并且随着科技发展，新技术不断涌现，每个层面都有其相对的关键技术，掌握这些关键技术及相互关系，能更好地促进物联网的发展。

1.感知层——感知与识别技术

感知与识别技术是物联网的基础，是联系物理世界和信息世界的桥梁。在日常生活中已有一些成熟的自动识别技术，如条形码技术、语音识别技术、虹膜识别技术、指纹识别技术和人脸识别技术等。

（1）RFID 技术

在自动识别技术给人们的生产、生活带来方便的同时，另一项更具优势的识别技术逐渐成熟并很快席卷全球，该技术就是 RFID 技术，RFID 技术与互联网的结合使得物联网的诞生成为可能。

在感知层的四大感知技术中，RFID 技术居于首位，是物联网的核心技术之一。它是由电子标签和读写器组成的。当带有电子标签的物品通过读写器时，标签被读写器激活并通过无线电波将标签中携带的信息传送到读写器中，读写器接收信息，完成信息的采集工作，然后将采集到的信息通过管理设备和应用程序传送至中心计算机进行集中处理。

（2）传感技术

如果将 RFID 比喻成物联网的眼睛，那么传感器就好比物联网的皮肤。利用 RFID 实现对物体的标识，而利用传感器则可以实现对物体状态的把握。具体来说，传感器就是能够感知、采集外界信息，如温度、湿度等，并将其转化成电信号传送给物联网的"大脑"。

目前，市场上的传感器种类很多，如温度传感器、压力传感器、位移传感器、速度传感器、加速度传感器等，它们主要用于满足不同的应用需求。

（3）激光扫描技术

除 RFID 技术及传感技术以外，激光扫描技术也很常见。目前应用最广泛的是条码技术，分为一维码和二维码。

（4）定位技术

利用定位卫星，在全球范围内实时定位、导航的系统称为全球定位系统（global positioning system, GPS）。GPS 定位技术也是重要的感知技术之一。GPS 起始于 1958 年美国军方的一个项目，1964 年投入使用。20 世纪 70 年代，美国陆、海、空三军联合研制了新一代 GPS，主要目的是为陆、海、空三大领域提供实时、全天候和全球性的导航服务。

2.网络层——通信与网络技术

网络层位于物联网三层结构中的第二层，其功能为传送，即通过通信网络进行信息传输。网络层作为纽带连接着感知层和应用层，它由各种私有网络、互联网、有线和无线通信网等组成，相当于人的神经中枢系统，负责将感知层获取的信息安全可靠地传输到应用层，然后根据不同的应用需求进行信息处理。

物联网网络层包含接入网和传输网，分别实现接入功能和传输功能。传输网由公网与专网组成，典型传输网络包括电信网（固网、移动通信网）、广电网、互联网、电力通信网、专用网。接入网包括光纤接入、无线接入、以太网接入、卫星接入等各类接入方式，实现底层的传感器网络、RFID 网络"最后一公里"的接入。

物联网的网络层基本上综合了已有的全部网络形式来构建更加广泛的"互联"。每种网络都有自己的特点和应用场景，互相组合才能发挥出最大的作用。因此，在实际应用中，信息往往经由任何一种网络或几种网络组合的形式进行传输。

由于物联网的网络层承担着巨大的数据量，并且面临更高的服务质量要求，因此物联网需要对现有网络进行融合和扩展，利用新技术以实现更加高效的互联功能。物联网的网络层，自然也成为各种新技术的舞台。

物联网网络层建立在现在的通信网、互联网、广播电视网的基础上，从信息传输的方式上看，可以分为有线通信技术和无线通信技术。

（1）有线通信技术

有线通信技术是指利用有线介质传输信号的技术。其物理特性和相继推出的有线技术不仅使数据传输率得到进一步提高，而且使其信息传输过程更加安全可靠。

（2）无线通信技术

无线通信技术是指利用无线电磁介质传输信号的技术，是计算机技术与无线通信技术相结合的产物，它提供了使用无线多址信道的一种有效方法来支持计算机之间的通信，为通信的移动化、个性化和多媒体化应用提供潜在的手段。由于无线通信没有有线网络在连接空间上的局限性，因此它将成为物联网的另一重要网络接入方式。

3.应用层——数据存储与处理

应用层是物联网技术与相关行业的深度融合，与行业实际需求相结合，从而实现广泛智能化。物联网应用层利用经过处理的感知数据，为用户提供丰富的特定服务，以实现智能化的识别、定位、跟踪、监控和管理。这些智能化的应用涵盖智能家居、智能交通等领域。

四、物联网的应用

物联网技术是在互联网技术基础上的延伸和扩展，其用户终端可以延伸到任何物品，从而实现任何物品之间的信息交换和通信，因此其应用以"物品"为中心，遍及交通、物流、医疗、家居等领域。

（一）智能物流

智能物流是在物联网技术的支持下诞生的，是利用集成智能化技术，使物流系统能模仿人的智能，具有思维、感知、学习、推理判断和自行解决物流中某些问题的能力。利用智能物流技术，结合有效的管理方式，物流公司能够对货物状态实时掌控，对物流资源有效配置，从而提供高效的物流服务，提升物流行业的科技化水平，促进物流行业的有序发展。

物联网技术带来物流配送网络的智能化，带来敏捷智能的供应链变革，带来物流系统中物品的透明化与实时化管理，实现重要物品的物流可追踪管理。

随着物联网的发展，智慧物流的美好前景将很快在物流行业实现。

在物流业中，物联网主要应用于以下领域：

①基于 RFID 等技术建立的产品智能可追溯网络系统，如食品的可追溯系统、药品的可追溯系统等。这些产品可追溯系统为保障食品安全、药品安全提供坚实的物流保障。

②智能配送的可视化管理网络。该管理网络通过 GPS 卫星导航定位，对物流车辆配送进行实时、可视化在线管理。

③基于各项先进技术，建立全自动化的物流配送中心，实现局域内的物流作业的智能控制。

④基于智能配货的航渡网络化公共信息平台。在全新的物流体系之下，把智能可追溯网络系统、智能配送的可视化管理网络、全自动化的物流配送中心连为一体，产生一个智能的物流信息平台。该平台利用现代信息传输融合技术，应用 RFID 系统、GPS、地理信息系统（geographical information system, GIS）以及各种物流技术软件，建立面向企业和社会的"制造业物流业跨行业联动""食品质量溯源追踪监控""集装箱运输箱货跟踪""危险化学品全方位监管""国际国内双向采购交易"等物联网技术应用平台。该平台可实现异构系统间的数据交换及信息共享，实现整个物流作业链中众多业主主体相互间的协同作业，设计架构出配套的机制及规范，以保证体系有序、安全、稳定地运行，具有重大的社会效益和经济效益。

（二）智能家居

智能家居，又称智能住宅，是一个以住宅为平台安装智能家居系统的居住环境。通俗地说，它是融合自动化控制系统、计算机网络系统和网络通信技术于一体的网络化、智能化的家居控制系统。智能家居让用户有更便利的手段管理家庭设备，实现各种家庭设备相互通信，不需要用户指挥也能根据不同的状态互动运行。

智能家居的起源可以追溯到 20 世纪 80 年代，当时大量的电子技术被应用到家用电器上，最初被称为住宅电子化；20 世纪 80 年代中期，将家用电器、通信设备与防灾设备各自独立的功能综合为一体后，形成了住宅自动化；20 世纪 80 年代末，随着通信与信息技术的发展，出现了对住宅中各种通信、家电、安保设备通过总线技术进行监视、控制与管理的商用系统，这在美国被称为 Smart Home，也就是现在智能家居的原型。物联网成为智能家居发展的催化剂，智能家居系统逐步朝着网络化、信息化、智能化方向发展，智能终端设备的产品也将逐步走向成熟。

智能家居系统目前能实现的主要功能包括智能灯光控制、智能电器控制、智能视频共享、可视对讲等。智能家居对提高现代人类生活质量，创造舒适、安全、便利的生活环境有非常重要的作用。

（三）智能交通

随着经济发展，城市规模不断扩大，人口持续增加，城市交通压力也与日俱增，交通拥堵已经越来越严重，大城市的街道俨然成了一个巨大的"停车场"。在这个"停车场"里，每辆汽车的发动机一刻不停地在转动，不仅无休止地消耗着宝贵的汽油，而且会产生大量的废气，对环境造成严重污染。100 万辆普通汽车发动机停车空转 10 分钟，就会消耗 14 万升汽油。因此，人们急需一个智能化的交通控制系统来有效地解决这一系列问题。

智能交通是未来交通系统的发展方向，它是将先进的信息技术、数据通信传输技术、电子传感技术、控制技术等有效地集成运用于整个地面交通管理系统而建立的一种在大范围内、全方位发挥作用的实时、准确、高效的综合交通运输管理系统。

关于智能交通系统的研究工作可追溯到美国在20世纪60年代开发的电子道路诱导系统、日本在1973年开发的汽车交通综合控制系统，以及德国在20世纪70年代开发的公路信息系统，但智能交通概念的正式提出以及智能交通研究的大力开展应从1991年美国智能交通协会的成立算起。

目前，智能交通系统主要包括以下几个方面：交通管理系统、交通信息服务系统、公共交通系统、车辆控制与安全系统、电子不停车收费系统等。

交通管理系统主要用于动态交通响应，可以收集实时交通数据，实时响应交通流量变化，预测交通堵塞，监测交通事故，控制交通信号或给出交通诱导信息。

交通信息服务系统主要完成交通信息的采集、分析，协助道路使用者从出发点顺利到达目的地，使出行更加安全、高效、舒适。

公共交通系统运用先进的电子技术优化公交系统的操作，确定合理的上车率，提供车辆共享服务，为乘客提供实时信息，自动响应行程中的变化等。

车辆控制与安全系统利用车载感应器、电脑和控制系统等对司机的驾驶行为进行警告、协助和干预，以提高安全性和减少交通堵塞。该系统的功能有驾驶警告和协调、车辆全自动控制、自动方向盘控制、自动刹车、自动加速、超速警告、撞车警告等。

电子不停车收费系统即ETC收费系统，通过路边车道设备控制系统的信号发射与接收装置，识别车辆上设备内特有编码，判断车型，计算通行费用，并自动从车辆用户的专用账户中扣除通行费。对使用电子不停车收费车道的未安装车载器或车载器无效的车辆，则视作违章车辆，实施图像抓拍和识别，会同交警部门事后处理。

（四）智能医疗

智能医疗能够帮助医院实现对人的智能化医疗和对物的智能化管理工作，支持医院内部医疗信息、设备信息、药品信息、人员信息、管理信息的数字化采集、处理、存储、传输、共享等，实现物资管理可视化、医疗信息数字化、医疗过程数字化、医疗流程科学化、服务沟通人性化，能够满足医疗健康信息、医疗设备与用品、公共卫生安全的智能化管理与监控等方面的需求。

应用物联网技术可以促进健康管理信息化与智能化，医疗设备及药房、药品的智能化管理等，使病人就医更便捷、医生工作更高效。

智能医疗将使人们由被动治疗转变为主动健康管理。用户可以建立完备的、标准化的个人电子健康档案，与医生直接对话；使用生命体征检测设备、数字化医疗设备等传感器，采集自己的体征数据，如血压、血糖、血氧等；通过有线或无线网络将这些数据传递到远端的服务平台，由平台上的服务医师根据数据指标为用户提供集保健、预防、监测于一体的远程医疗与健康管理服务。

远程急救系统可以利用 GPS 定位技术查找最近的急救车并进行调派，对移动急救车的行进轨迹进行监控。救护车内的监护设备不间断地采集急救病人的生命体征信息，该信息与急救车内的摄像视频信号通过无线网络实时上传至急救指挥中心和进行抢救的医院急诊中心，从而实现在最短时间内对病人采取最合适的救护措施，挽救病人的生命。

（五）智能工业

工业是物联网应用的重要领域。具有环境感知能力的各类终端、基于泛在技术的计算模式、移动通信等不断融入工业生产的各个环节，可大幅提高制造效率，改善产品质量，降低产品成本和资源消耗，将传统工业提升到智能工业的新阶段。

智能工业，即工业智能化，是指基于物联网技术将信息技术、网络技术和智能技术应用于工业领域，给工业系统注入"智慧"的综合技术。它采用计算机技术模拟人在工业生产过程中和产品使用过程中的智能活动，主要进行分析、推理、判断和决策，从而扩大、延伸和部分替代人类的脑力劳动，实现知识密集型生产和决策的自动化。

智能工业的实现是基于物联网技术的应用，并与未来先进制造技术相结合，形成新的智能化的制造体系。因此，智能工业的关键技术是物联网技术。

物联网技术的核心和基础是互联网技术。物联网技术是在互联网技术的基础上延伸和扩展的一种网络技术，其用户端延伸和扩展到物品和物品之间，能够进行信息交换和通信。在智能工业中，可通过射频识别器、红外感应器、激光扫描器等信息传感设备，按约定的协议，将物品与互联网相连接，进行信息交换和通信，以实现智能化识别、定位、追踪、监控和管理。

与未来先进制造技术相结合是物联网应用的关键所在。物联网是信息通信技术发展的新一轮制高点，在工业领域获得广泛应用，并与未来先进制造技术相结合，形成新的智能化制造体系。这一制造体系仍在不断发展和完善之中，其关键技术主要有以下几种：

1.泛在感知网络技术

建立服务智能制造的泛在感知网络技术体系，能够为制造过程中的设计、管理提供网络服务。

2.泛在制造信息处理技术

建立以泛在制造信息处理技术为基础的新型制造模式，有利于提升制造行业的整体水平。

3.虚拟现实技术

采用真三维显示与人机自然交互的方式进行工业生产，能够进一步提高制造业的生产效率。虚拟环境已经在许多重大工程领域得到了广泛应用。未来，虚拟现实技术的发展方向是三维数字产品设计、数字产品生产过程仿真、真三维显示和装配维修等。

4.人机交互技术

传感技术、传感器网、工业无线网以及新材料的发展，提高了人机交互的效率和水平。随着人机交互技术的不断发展，人们将逐步进入基于泛在感知的信息化制造人机交互时代。

5.空间协同技术

空间协同技术的发展目标是以泛在网络、人机交互、泛在信息处理和制造系统集成为基础，突破现有制造系统在信息获取、监控、人机交互和管理等方面集成度差、协同能力弱的局限性，提高制造系统的敏捷性、适应性、高效性。

6.平行管理技术

未来的制造系统将由某一个实际制造系统和对应的一个或多个虚拟的人工制造系统所组成。平行管理技术就是要实现制造系统与虚拟系统的有机融合，以不断提升企业预防非正常状态的能力，提高企业的应急管理水平。

7.电子商务技术

制造与商务过程一体化特征日趋明显，整体呈现纵向整合和横向联合两种趋势。未来，人们要建立健全先进制造业中的电子商务技术框架，发展电子商务，以提高制造企业在动态市场中的决策与适应能力，构建和谐、可持续发展的先进制造业。

8.系统集成制造技术

系统集成制造技术是由智能机器人和专家共同组成的人机共存、协同合作的工业制造系统。它集自动化、集成化、网络化和智能化于一身，使工业制造具有重构自身结构和参数的能力，具有自组织和协调能力，可满足瞬息万变的市场需求。

工业化的基础是自动化，自动化发展了近百年，拥有完善的理论和实践基础。特别是随着现代大型工业生产自动化技术的不断发展，以及过程控制技术的日益成熟，物联网的产业链控制系统应运而生。产业链控制系统是计算机技术、系统控制技术、网络通信技术和多媒体技术相结合的产物，其核心理念是分散控制、集中管理。虽然自动设备全部联网，并且操作员能通过控制中心获取监控信息并进行集中管理，但操作员的水平决定着整个系统的优化程度。

信息技术发展前期的信息服务对象主要是人，其主要解决的是信息孤岛问题。当为人服务的信息孤岛问题解决后，信息技术要在更大范围内解决信息孤岛问题，就要将物与人的信息打通。人获取信息之后，可以根据信息判断做出决策，从而触发下一步操作。但由于人存在个体差异，对于同样的信息，不同的人做出的决策是不同的。智能分析与优化技术是解决这个问题的重要手段，在获得信息后，智能分析与优化技术可以依据历史经验以及理论模型快速做出最优决策。

第二节　大数据技术及应用

一、大数据概述

（一）大数据的定义

随着技术的发展和普及，数据来源渠道日益增多（如智能手机的普及使海量的手机用户数据产生等），数据量之大、数据形式之多变的特点越发突出。与此同时，计算机的算法增加和硬件处理能力的提高，也使数据的处理方式更加多样化。这引发了人们对数据中所蕴藏的价值的探究兴趣，而这一系列的探究就被归纳到"大数据"的范畴内。

对于大数据，有研究机构给出了这样的定义：大数据是指无法在一定时间内用常规软件工具对其内容进行抓取、管理和处理的数据集合，是需要依托云计算的分布式处理、云存储的分布式数据库管理和虚拟化技术新处理模式才能具有更强的决策力、洞察发现力和流程优化能力的信息资产。

麦肯锡全球研究指出，大数据是一种规模大到在获取、存储、管理、分析方面大大超出了传统数据库软件工具能力范围的数据集合。

（二）大数据的特性

维克托·迈尔-舍恩伯格（Viktor Mayer-Schönberger）和肯尼思·库克耶

（Kenneth Cukier）在《大数据时代：生活、工作与思维的大变革》中指出，大数据时代有三大转变：①数据分析将依赖全体数据，而不是随机样本；②允许数据具有混杂性，而不单纯追求精确性；③追求相关关系，而不是因果关系。互联网的普及使网民行为多样化，通过互联网产生的数据日渐增多，既包括结构化的数字信息，也包括非结构化的图片、文本、视频、音频等信息，因此人们需要了解大数据的特性。

1.数据量大

大数据的一个重要特性就是数据体量大，起始计量单位是 P（1 000 个 T）、E（100 万个 T）或者 Z（10 亿个 T）。互联网巨头纷纷在全球建立数据中心，一方面是当地政府的管理要求，另一方面则是因为用户产生的数据量太大了，一个甚至几个数据中心根本满足不了用户的数据存储要求。以苹果公司为例，为了存储大量的 iMessage、iCloud 等客户数据，以及手机、平板电脑等设备上的照片、视频、文档，苹果公司在全球建立了数十座数据中心。2017 年 7 月，苹果公司在贵州设立了第一个中国数据中心，中国用户数据被存储在这座数据中心中，苹果公司副总裁表示，中国的用户喜欢使用 iCloud 来安全存储照片、视频、文档和应用程序，并在所有设备上保持同步更新，相信新的合作关系，将通过减少延迟和提高可靠性来改善中国 iCloud 用户的体验。

2.数据多样性

数据多样性体现为数据资料来源多样性及数据结构多样性。数据来源包括语音、视频、文本等信息，数据结构则包括结构化、半结构化和非结构化。数据多样性对数据提取者的数据处理能力提出了更高的要求。要想整合多样性的数据，数据提取者就要具备一定的技术分析能力。

3.价值密度低

相对海量的数据而言，价值数据并不多，因此大数据在总体上表现出价值密度低的特点，数据提取者需要运用较高超的技术分析手段来提取价值数据。

4.速度快、时效强

由于大数据大多是线上数据，具有即时性特征，只能反映当下的个体行为和情感特征，因此提取速度越快，能够获得的价值数据就越多，而一旦过了数据提取时间窗口期，很多数据基本上就是无效且冗余的，如个性化推荐算法尽可能要求实时完成推荐等。

虽然大数据分析与传统数据分析有截然不同的特点，但大数据分析并不能完全替代传统数据分析。例如，在做电视收视调查时，尽管通过大数据分析能够得到更准确的结果，但传统数据分析也有自身的优势，二者可以相互弥补，而不是大数据分析完全替代传统数据分析。

（三）大数据的重要价值

1.帮助企业挖掘市场机会和细分市场

企业分析大量数据，进而挖掘市场机会和细分市场，以便对每个群体采取独特的行动。要获得好的产品概念和创意，关键在于收集与消费者相关的信息，挖掘消费者头脑中未来可能消费的产品概念。只有用创新的方法解构消费者的生活方式、剖析消费者的生活密码，才能研发出吻合消费者未来生活方式的产品。可以说，大数据分析可以帮助企业发现新客户群体、确定最优供应商、创新产品以及理解销售季节性等。

在数字革命的背景下，企业面临的主要挑战如下：从如何找到对企业产品有需求的人到如何找到这些人在不同时间和空间中的需求，从过去以单一或分散的方式与这些人进行沟通到现在如何和这些人即时沟通以便即时响应、即时满足他们的需求。同时，在产品和消费者的买卖关系以外，企业还需要建立更深层次的伙伴间的互信、双赢的关系。

企业分析大量数据，进而挖掘细分市场的机会，最终缩短企业产品研发时间，提升企业在商业模式、产品和服务上的创新能力，使企业在目标市场合理利用各种资源，制定精准的营销策略，降低企业经营风险。

企业利用用户在互联网上的访问行为偏好，为每个用户勾勒出一幅"数字剪影"，为具有相似特征的用户组提供精确服务，满足用户需求。这样做可以大大减少企业与用户的沟通成本。例如，一家航空公司对从未乘坐过飞机的人很感兴趣（细分标准是顾客的体验）；而从未乘坐过飞机的人，又可以细分为害怕乘坐飞机的人、对乘坐飞机持无所谓态度的人以及对乘坐飞机持肯定态度的人（细分标准是态度）；持肯定态度的人又包括高收入且有能力乘坐飞机的人（细分标准是收入能力）。于是，这家航空公司就把力量集中在开拓那些对乘坐飞机持肯定态度但还没有乘坐过飞机的高收入群体，通过对这些人进行精准营销，取得了很好的营销效果。

2.提高管理者的决策能力和效率

以往，企业管理者往往更多地依赖个人经验和直觉来做决策，而不是基于数据。在信息有限、获取信息的成本高昂的时代，企业管理者这样做是有一定的合理性的。但是，在大数据时代，企业管理者更应该根据数据做决策。

大数据从诞生开始就是为了有效地帮助各个行业的企业管理者做出正确的商业决策，从而实现更大的商业价值。

基于大数据的决策具有以下特点：第一，由于数据被广泛挖掘，因而决策所依据的信息的完整性越来越高，有利于企业管理者做出理性决策；第二，决策的技术和知识含量大幅度提高；第三，基于大数据的决策能够催生很多过去难以想象的重大解决方案。

如果在不同行业的业务和管理层之间，增加数据资源体系，那么通过数据资源体系的数据加工，把今天的数据和历史的数据对接，把现在的数据与企业所关心的指标关联起来，把面向业务的数据转换成面向管理的数据，可以辅助企业管理者决策，真正实现从数据到知识的转变。这样的数据资源体系是非常适合企业管理者决策使用的。

在宏观层面，合理利用大数据，可以使经济决策部门更敏锐地把握经济走向，制定并实施科学的经济政策；在微观方面，合理利用大数据，可以提高企业管理者的决策能力和效率，推动企业创新。

3.推动智慧城市及和谐社会建设

美国作为全球大数据领域的先行者，在运用大数据手段提升社会治理水平、维护社会稳定方面，已经先行实践，并且取得了显著成效。

在中国，智慧城市建设也正在如火如荼地开展。早在 2013 年，中国便确定了北京经济技术开发区等 103 个城市（区、县、镇）为国家智慧城市试点。智慧城市包含智慧治安、智慧交通、智慧医疗、智慧环保等领域，而这些都要依托大数据。可以说，大数据是"智慧"的源泉。

在治安领域，大数据已经用于信息的监控管理与实时分析、犯罪模式分析与犯罪趋势预测。例如，北京、临沂等城市已经开始利用大数据技术打击犯罪。

在交通领域，可以通过对公交和地铁刷卡情况等信息的收集，分析预测出行交通规律，指导公交线路的设计，调整车辆派遣密度，指挥控制车流，从而缓解交通拥堵情况，减轻城市交通负担。

在医疗领域，大部分省市已经实施病历档案数字化。医院可以将收集到的临床医疗数据与病人体征数据用于远程诊疗。

伴随着智慧城市建设的火热进行，大数据应用已进入实质性的建设阶段，有效拉动了大数据的市场需求，带动了当地大数据产业的发展，推动了和谐社会建设。大数据在各个领域的应用价值已得到初步显现。

二、大数据的发展动因

大数据的发展不仅依靠信息技术的不断创新，更离不开社会各领域的需要，社会需要是大数据技术发展的最大动力。大数据时代的数据规模十分庞大，传统的信息技术不具备进行快速分析、高效处理的能力，难以有效分析数据，获得并利用有价值的数据。采集、储存、分析数据并加以商业化处理，推动大数据技术不断进步、实现应用，是当前最迫切的工作。挖掘大数据的价值依靠全社会的支持和推动，结合世界趋势，大数据技术研发与其社会应用成为我国发展的战略重点，因此要体会数据技术与应用有机统一、互相促进的深刻内涵，以便掌握主动权。

（一）科学技术的创新推力

1.社交网络平台的崛起

随着云计算、云存储、物联网、二维码技术的广泛应用，各种沟通设备、社交网络和传感器正在生成海量数据。商业自动化导致海量数据存储，但用于决策的有效信息又隐藏在数据中，为了从数据中发现知识，以数据挖掘为代表的大数据分析技术应运而生。

（1）社交网络的公共性

社交网络是大数据的重要来源，大数据的社会应用与社会价值来自社交网络。例如，国外影响巨大的推特、国内的新浪微博，这些网络交流平台具有媒介属性，每分每秒都在产生数以亿计的话语文本。人具有与他人交流、分享、传播信息的需求，基于人际关系的信息传播创造了数量庞大的关系数据，扩大了数据的社会影响，带来了巨大的商业价值。大数据的产生离不开社交网络，移动互联网和物联网的发展使得大数据越来越大，呈现出随时收集、即时应用、及时生产的重要特点。

（2）社交网络的价值性

在一定程度上，大数据的社会应用价值越来越多地来自新型的社交媒体。抖音营销成为目前较为显著的商业模式之一，是大数据直接的商业应用之一。社会化媒体成为企业首选的营销工具。企业通过社会化媒体发布有效信息，直接引导消费者，主动收集来自消费者的反馈信息，与消费者积极互动，实现流量变现。与传统大众媒体单向的传播方式不同，社交网络的互动性较强，企业可以针对具体、不同的目标群体，通过信息技术点对点直接传递特定信息，从而影响舆论、改善声誉，帮助消费者形成购买决策。很多企业注重从海量采集的关系数据中提取发现真正有价值的商业信息，借此追踪目标客户，分析客户价值，建立客户档案，实现精准营销。

（3）社交网络的应用性

社交媒体能够在极为短暂的时间内产生大量信息，而如何采取有效的方法应用海量数据，是当前急需解决的一大难题。社会化媒体一定要掌握数据处理的方法。例如，电视广告价格昂贵，媒体投放成本高，企业广告同时有 15 秒与 30 秒的版本，但事先无法确定哪个版本对消费者的吸引力更强，此时可提前将两个版本的视频发到互联网平台上，借助社交媒体免费传播。通过对大数据技术的合理运用，企业能够对消费者的相关信息资料进行有效的收集与系统性的分析，从而发现有利于传播的重要元素，研究消费者出现反感情绪的根源；提前测试更能够提升决策的有效性，让广告成本大幅下降。大数据的应用，使企业和用户的沟通得到革新，商业模式持续不断地发生变化，世界范围内的社交媒体产生市场化变革。

加强对社交大数据应用的关键是能够获得大量的数据资料。虽然当前的用户数量在持续不断地增加，但要想形成对用户行为的准确预估，得到精准建议，仍然要收集更多的数据。假如企业的数据处理能力较弱，其就无法根据实际商业场景进行数据处理，也就无法获得较为科学、实用的方案，不能够获利。大数据时代的到来，不仅呼唤市场革新，还对传统数据处理模式提出了挑战。数字化生存俨然成为一种全新的生活方式，社会化媒体随时记录生活，拉近人与人之间的距离。

2.物联网发展的促进作用

随着物联网的迅速发展，各种行业、不同地域以及各个领域的物体都被关联起来。物联网通过形形色色的传感器将现实世界中产生的各种信息转化为电子数据，并把信号直接传递到计算机中心处理系统，这必然导致数字信息膨胀、数据总量快速增长。

（1）物联网产生大数据

如果把数据来源作为分类标准，就可以将物联网数据分成社交网络数据与传感器感知数据两个类型。尽管如今社交网络数据多于传感器感知数据，但伴随物联网设备大范围普及应用以及相关技术手段的创新发展，未来传感器感知数据的总量会全面提升，甚至会超过社交网络数据。物联网彻底改变了人们原本的生活方式，改变了商业运营模式，是计算机与互联网之后的新革命。物联网将对象物与互联网进行有效连接，实现即时信息交换、智能识别、定位追踪、监控管理，从而出现海量的数据资源，影响诸多行业，促成大量创新型商业模式的出现。物联网与大数据整合，正快速创造更多商业价值。

微软、思爱普、谷歌等国际知名企业已经在全球分别部署了大量数据中心，还拿出大量资金收购擅长数据管理的优秀软件企业。这些物联网产生的大数据来自不同种类的终端，如智能电表、移动通信终端、汽车和各种工业机器等，影响生产生活的各个层面，不可小觑。

要想推动物联网的发展，就一定要在基础建设方面加大力度，在设备制造和核心技术建设方面创新。在云计算中心建设与不断投入应用的推动之下，物联网即时产生的一系列大数据，能够实现随时存储、在线处理，产生更大的数据价值。企业要认真探究物联网，把更多的大数据转变成利润，开拓市场，抓住商业机遇，构建全新商业模式。

（2）物联网形成产业链

物联网产业链的核心是数据以及数据驱动的产业，物联网的核心价值是在更广泛的应用层。物联网应用于多个行业，而每个行业产生的数据都有其独特的结构特点，因此就形成很多相异的商业模式。物联网创造商业价值的基础是数据分析，物联网产业将出现各种类型的数据处理公司。例如，数据分析公司、软件应用集成公司和商业运营公司将逐步分化，产业链将逐步完善。

在物联网应用的过程中，电信运营商起着主导作用。中国电信运营商表现突出，已开始将自己的物联网应用系统用于全球远程监控。电信运营商之所以分外努力推广应用物联网，不仅是因为运营商可整合硬件、芯片、应用等各步骤中的许多优秀合作伙伴，还是因为物联网广泛应用在电信终端，可以有效促进电信互联网产业链的整合。电信运营商的示范不仅可以积累实战经验，为各行业提供借鉴，还可以拓展电信运营商的业务范围，使其成为系统方案解决商，介入各种增值业务。

（3）物联网催化大商业

物联网商业模式将更多的移动终端吸纳进来，作为数据采集设备，加以信息化应用，适应市场需求，成为物联网跨界发展的趋势。这种数据如果能得到运营商快速化、规模化、跨领域的广泛应用，那么电信运营商可能获得高质量的商业回报，会进一步参与物联网的各个建设环节，并且可能掌握更多的商业信息。这些信息驱动企业合作，推动参与各方共同寻找一条多方共赢的路径，建立新型商业模式。现在大部分行业的商业信息移动化、社交化，大数据的发展成为必然。物联网大数据推动商业发展、服务商业决策，提供各种行业信息，因此物联网大数据的发展前景是广阔的，富有商业魅力。

物联网大数据要想获得有序发展，不能仅停留在概念上，还需要政策支持、市场完善以及产品持续创新。更为重要的方向是推动不同部门、不同机构、不同行业之间共享物联网大数据。各部门只有公开数据、分享数据，才能充分利用数据，挖掘数据背后的隐藏价值。虽然目前交通、电力、工业等不同行业还没有合为一个物联网，但是共享不同行业的各种数据信息是可行的。目前，政府部门也逐渐意识到数据单一难以发挥最大效能，开始寻求数据交换伙伴，部门之间已经开始交换数据，这必将成为一种发展趋势，而共享不同部门之间不同种类的数据信息有助于发挥物联网更大的价值。

在未来几十年，物联网大数据面临着战略性的时代发展机遇及挑战。物联网"牵手"大数据，不仅会产生更为广泛的应用，还会延伸产业链，推动商业模式的变革，所以物联网发展离不开大数据理念，而大数据的广泛应用进一步加快物联网的前进步伐。在互动发展全过程中，物联网能够促进并带动大数据的发展。大数据的采集和感知技术的发展是紧密联系的，提升以传感器技术、指纹识别技术、坐标定位技术等为基础的感知能力是物联网发展的基石。世界被数据化的过程就是感知被逐渐捕获的过程，一旦世界被完全数据化了，信息就是世界的本质。

3.云计算提供的技术平台

大数据与云计算的关系密不可分，大数据必须采用分布式计算架构挖掘海量数据，依托云计算的分布式数据库、分布式处理、云存储和虚拟化技术。大数据包括大量非结构化和半结构化数据，下载这些数据到关系型数据库并进行分析时，会消耗大量时间，因为实时的大型数据集分析需要向许多台电脑分配工作。依靠宽带、物联网的大数据提供解决办法，具有无数分散决策中心的云计算大系统能够产生接近整体最优的帕累托效应，无数分别思考的决策分中心通过互联网与物联网形成超级决策中心。

多元动态、并行实时的大数据思维的出现，要求重新定义知识的本质特性。在大数据时代，企业的界限变得模糊，网民和消费者的界限正在消弭，数据成为核心资产并将深刻影响企业的业务模式，甚至重构企业文化和组织。因此，大数据会改善国家治理模式，影响企业决策、组织和业务流程，改变个人生活方式。

大数据是继云计算、物联网之后信息技术产业又一次颠覆性的技术变革。云计算主要为数据资产提供保管、访问的场所和渠道，而数据才是真正有价值的资产。企业内部的经营交易信息、互联网世界中的人与人交互信息、物联网世界中的商品物流信息等数量，远远超出现有企业信息技术架构和基础设施的承载能力，实时性要求也将大大超出现有的计算能力。大数据的核心议题和云计算必然的升级方向是盘活数据资产，为国家治理、企业决策乃至个人生活服务。

大数据和云计算这两个词经常被同时提到，很多人误以为大数据和云计算是同时诞生的，具有强绑定关系。其实，二者既有关联，也有区别。大数据处理会用到云计算领域的很多技术，但大数据并非完全依赖云计算；反过来，云计算也并非只有大数据这一种应用。

大数据出现具有深刻的原因。2009 年至 2012 年，电子商务在全球全面发展，电子商务是第一个真正实现将纯互联网经济与传统经济融合，嫁接在一起发展的混合经济模式。正是互联网与传统经济的结合才催生出被社会高度关注的大数据。大数据连接互联网产业与传统产业，而且大数据结合互联网应用于传统产业领域，范围超过纯互联网经济。在电子商务模式出现以前，传统企业的数据量增长缓慢。传统企业的数据仓库大多属于交易型数据，而交易行为处于用户消费决策的最后端，电子商务模式的出现使企业可以采集到用户的搜索、浏览、比较等行为，这就至少将企业的数据规模提升了一个数量级。现在日益流行的移动互联网和物联网又必将使企业数据量提高两三个数量级。

（二）企业发展的利益拉力

1.优化资源获得收益

不管是工业领域，还是金融领域，哪怕是生活领域都会产生海量数据资料，大数据借助收集周围信息的方式，构建完善的数据库，让人们能够预测未来，选择更为健康的生活方式，了解世界各地的信息，为自己的实际行动提供一定的方向。网络交互数据的不断增加使企业改革迎来新机遇，推动市场化经济发展。

如今，不管是哪个机构或组织，都特别重视对大数据的研究，同时也在研究过程当中获取大量能够服务客户的成果。例如，银行可以通过对客户金融数据资料的分析，有效确定潜在优质客户，提升还款有效性，保证银行利润；交管部门可以借助大数据分析交通信息，从整体上进行把控，预测路面情况，革新管理，建立优质交通服务体系，有效缓解交通拥堵。

2.高效分析释放价值

要想让数据价值被充分地挖掘出来，一定要提出正确的问题，合理运用数据分析方法与工具，促使越来越多有用数据产生，让决策行为更加科学，进一步体现大数据的价值。企业方面不仅要有大数据分析的先进技术作为有力支撑，还必须在人才建设方面进行不断完善。在人才需求非常迫切的背景下，企业要想在激烈的竞争当中占据优势地位，就必须在人才储备方面尽快着手，特别是要吸纳有丰富分析经验的人才。只要有数据的地方，就离不开统计，在大数据背景下，企业更要有创新性的统计方法。

大数据在信息化社会建设当中发挥着重要作用，能够让人们更加深入地了解社会。如今，大数据分析人才较为短缺，整个就业市场特别需要具备知识与经验的综合型人才。在实际生活中，人们不能够只是依靠感性经验，更要做好实证分析。例如，医生需要在大数据分析的基础上，选取有针对性的临床治疗手段；教师需要在对案例进行大数据分析之后，再设置教学活动，优化教学策略；企业要掌握大数据的分析与应用方法，助力企业产品与服务的革新，为广大客户提供能满足他们个性化需要的产品或服务。

3.转变经济发展方式

如今，以大数据为依托的产业已经进入飞速发展的新阶段，在促进国家经济腾飞、推动企业核心竞争力提升方面作用显著。目前，我国经济发展正处在转型时期，要走可持续发展的道路。在这样的情况下，一定要注意转变经济发展方式。

大数据给全社会带来的一系列改革被企业看到，使企业进一步认识到数据是不可或缺的资源，大数据的重要性不可忽视；意识到大数据能够创造价值，应该将大数据作为企业核心财产。如今，很多企业从大数据分析当中获益匪浅，已经将大数据变成企业发展的资源。大数据成为获得社会效益与经济效益的推动力，成为提高企业竞争力的催化剂。

（三）社会服务的需求压力

1.政府部门合作呼唤大数据整合

政府手中握有人口、卫生、交通、税收、医疗等方面的大数据信息，但通过对数据资料的应用现状进行分析发现，部门之间的数据没有完全实现整合，一些部门数据处在固化状态，形成了信息孤岛，无法充分发挥作用，一定程度上降低了办事效率。

政府拥有社会各领域的大数据，在数据收集、存储方面有着天然优势，主要表现在以下几个方面：

第一，政府有大量正规、专门的各级统计部门，各部门在统计的过程中，获得了多种多样的数据资料，而且数据运行极为可观。

第一，政府工作质量和民生息息相关，政府部门在日常行政过程中累积、存储了很多不同的与社会生活相关的数据。

第三，政府可根据实际需要，直接要求企事业单位与行业协会组织等提供各种各样的数据。但是，海量的政府信息分属于不同单位与部门，各部门之间又有不同类别的数据，有的数据彼此没有联系、相互隔离，导致各部门对这些数据利用不足，仅仅用于收集分类和简单统计。只有利用大数据挖掘的方式，才能够让这些数据发挥出更大的价值。

2.大数据是公共服务的有力工具

在大数据背景下，优化政府职能、革新政府服务成为当务之急。公共服务的优化和改进，离不开大数据的支持。目前，公共服务对象不够明确，而且其爱好各不相同，要想规避资源浪费问题，就要将大数据技术引入公共服务体系，系统性地进行信息数据搜集、需求分析，提供有针对性的服务，构建反馈机制等，这样不但能够让公共服务效能得到全面提升，还能让人民群众的满意度大幅提升。

就市政管理而言，对大数据的应用与挖掘，能够在极大程度上优化资源，促进行政资源的合理应用，获得更大的公共支出效益。把大数据技术用在犯罪预防方面，能够预测犯罪行为，做好提早监控。

就反恐与国防安全建设而言，大数据技术的合理应用，能够提升国家安全保障水平。有了大数据作为强有力的支撑，有关反恐和国防安全的信息资料可以被收集和整合，并在处理分析和预测研究之后，丰富相关情报资料，辅助侦查系统升级换代。

对大数据进行分析和挖掘，能够让政府制定高质量的决策，使政府的效能大幅提升，也能让政府在转型升级的过程中拥有强大的动力。

3.我国改革亟须大数据思维

大数据的价值并不是数据收集和存储，它的价值是应用。大数据的产生、收集、分析与共享已经成了必然趋势。加强对大数据的应用，已经成为时代发展和社会进步之必需。就政府而言，大数据能够为国家治理、宏观调控、社会管理提供强有力的数据基础。因此，人们要主动学习运用大数据，只有这样才能够在未来获得先机。

以往数据收集工作困难重重，存储工作非常不易，于是人们把数据当作一种稀缺资源。如今，大数据无限生成、大量存储且能够及时处理和分析，发挥出多方面的价值。在大数据时代，企业、政府等的改革都需要依赖大数据，所以要具备大数据思维。

三、大数据的关键技术

（一）大数据采集

大数据采集技术就是通过对数据进行提取、转换、加载，挖掘数据的潜在价值，为用户提供解决方案或决策参考。用户从数据源抽取出所需的数据，经过数据清洗，然后按照预先定义好的数据模型将数据加载到数据仓库中去，最后对数据仓库中的数据进行分析和处理。数据采集是数据分析生命周期中的重要一环，它通过传感器、社交网络、移动互联网等渠道获得各种类型的结构化、半结构化及非结构化的海量数据。由于采集的数据种类错综复杂，因此进行数据分析之前必须通过抽取技术对数据进行提取，从数据原始格式中抽取出需要的数据。

（二）大数据预处理

现实中的数据大多是"脏"数据，如缺少属性值或仅仅包含聚集数据等，因此，需要对数据进行预处理。数据预处理技术主要包含以下几种：

数据清理：用来清除数据中的"噪声"，纠正不一致。

数据集成：将数据由多个数据源合并成一个一致的数据存储，如数据仓库。

数据归约：通过聚集、删除冗余特征或聚类等操作缩小数据的规模。

数据变换：把数据压缩到较小的区间，提高涉及距离度量的挖掘算法的准确率。

（三）大数据存储

大数据存储是将数量巨大，难以收集、处理、分析的数据集持久地存储到计算机中。由于大数据环境一定是海量的，并且增量都有可能是海量的，因此大数据的存储和一般数据的存储有极大差别，需要高性能、高吞吐率、大容量的基础设备。

为了能够快速、稳定地存取这些数据，目前至少需要用磁盘阵列，同时还要通过分布式存储的方式将不同区域、类别、级别的数据存放于不同的磁盘阵列中。分布式存储系统中包含多个自主的处理单元，通过计算机网络互联来协作完成分配的任务，其分而治之的策略能够更好地解决大规模数据分析问题。

分布式存储系统主要包含以下两类：

①分布式文件系统。存储管理需要多种技术的协同工作，其中文件系统为其提供最底层存储能力的支持。分布式文件系统是一个高度容错性系统，被设计成适用于批量处理、能够提供高吞吐量的数据访问。

②分布式键值系统。分布式键值系统用于存储关系简单的半结构化数据。获得广泛应用和关注的对象存储技术也可以视为键值系统，其存储和管理的是对象而不是数据块。

（四）大数据分析与挖掘

数据分析与挖掘的目的是把隐藏在一大批看起来杂乱无章的数据中的信息集中起来，进行萃取、提炼，以找出所研究对象的内在规律。大数据分析与挖掘主要包含两个内容，即可视化分析与数据挖掘算法的选择。

1.可视化分析

无论是分析专家，还是普通用户，在分析大数据时，基本的要求就是对数据进行可视化分析。可视化分析将单一的表格变为丰富多彩的图形模式，简单明了、清晰直观，更易于读者接受，如标签云、历史流、空间信息流等都是常见的可视化技术。用户可以根据自己的需求灵活地选择这些可视化技术。

2.数据挖掘算法的选择

数据挖掘算法多种多样，不同的算法基于不同的数据类型和格式会呈现出数据所具备的不同特点。各类统计方法都能深入数据内部，挖掘出数据的价值。数据挖掘算法是根据数据创建数据挖掘模型的一组试探法和计算方法。为了创建该模型，算法将首先分析用户提供的数据，针对特定类型的模式和趋势进行查找，并使用分析结果定义用于创建挖掘模型的最佳参数，将这些参数应用于整个数据集，以便详细统计信息。在数据挖掘算法中常采用人机交互技术，该技术可以引导用户对数据进行分析，使用户参与数据分析的过程，更深刻地理解数据分析的结果。

（五）大数据展现与可视化

数据分析挖掘的结果应当以生动直观的方式展现出来，这样数据才能最终被用户理解和使用，从而为生产、运营、规划提供决策支持。可视化是人们理解复杂现象、解释复杂数据的重要手段和途径。传统的数据可视化技术主要通过简单的图表将数据分析结果显示出来。这种方式适用于小规模数据集的应用场景，不能满足海量、复杂、高维数据的可视化需求。因此，必须针对大数据的特点开发可视化新技术，将错综复杂的数据以及数据之间的关系通过图片、表格或动画的形式呈现给用户。

目前，大数据可视化技术主要有科学可视化和信息可视化两个研究方向。科学可视化主要面向科学实验与工程测量数据，利用计算机图形学和图像处理等技术，将具有空间几何特征的数据中所蕴含的时空现象和规律通过三维、动态模拟等方式表现出来。科学可视化在医学、考古学等领域广泛应用。信息可视化主要面向没有明显几何属性和空间特征的数据，综合运用计算机图形学、心理学等学科中的技术和理论，用可视化的形式展现抽象数据中隐藏的特征、关系和模式等。信息可视化技术适合帮助人们理解文本、语音、视频等非结构化数据，并从中获取知识，同时又与数据挖掘、机器学习等技术相辅相成，因此在大数据可视化中扮演着更为重要的角色。根据数据类型，信息可视化又进一步分为文本可视化、网络图可视化、时空数据可视化和多维数据可视化等。

四、大数据的应用

在大数据时代，数据的影响已经渗透国家经济社会生活的方方面面。大数据技术的广泛应用，对工业制造、农业生产、政府管理等领域产生颠覆性的影响，不仅推动着生产模式和商业模式的创新，也为完善社会治理、提升政务服务效能提供新的途径。

（一）政府管理领域

政府管理着海量的数据。利用这些数据，政府能够更好地预测社会和经济指标的变化，解决城市管理、安全管控、行政监管中的实际问题，实现决策的科学化和管理水平的精细化。大数据在政府决策中的典型应用如下：

1.市场监管

大数据的先进技术和资源，为政府加强对市场主体的服务和监管提供良好的契机，推动市场监管从"园丁式监管"走向"大数据监管"。

2.社会管理

政府通过对居民健康素养监测、流动人员管理、社会治安隐患排查等一系列在城市化进程中产生的大数据进行挖掘和利用，优化决策，解决社会问题，提高社会管理能力。

3.政府数据开放与社会创新

政府是信息资源的主要拥有者，据统计，政府部门掌握着全社会大约80%的信息资源，而且这些信息资源通常具有较高的质量和可信度。政府推进大数据开放，带动更多相关产业飞速发展，实现应用创新。

（二）工业领域

随着信息化与工业化的深度融合，工业企业所拥有的数据日益丰富，包括设计数据、传感数据、自动控制系统数据、生产数据、供应链数据等。对工业大数据进行深度分析和挖掘，有助于提升产品设计、生产、销售、服务等环节的智能化水平，满足用户定制化需求，提高生产效率，并降低生产成本，为企业创造可量化的价值。

在研发设计环节，大数据可以拉近消费者与设计师的距离，精确量化客户需求，指导设计过程，改变产品设计模式，从而有效提高研发效率和质量。

在生产制造环节，应用大数据分析功能，可以对产品生产流程进行评估及预测，对生产过程进行实时监控、调整，并为发现的问题提供解决方案，实现全产业链的协同优化，完成数据由信息到价值的转变。

在市场营销环节，大数据技术用于挖掘用户需求，建立用户对商品需求的分析体系，寻找机会产品，进行生产指导和后期市场营销分析。企业通过建立科学的商品生产方案分析系统，结合用户需求与产品生产，最终形成满足消费者预期的各品类生产方案。

在售后服务环节，工业企业通过整合产品运行数据、销售数据、客户数据，将传统的诊断方法与基于知识的智能机械故障诊断方法相结合，运用设备状态监测技术、故障诊断技术和计算机网络技术，开展故障预警、远程监控、远程运维、质量诊断等大数据分析和预测，提供个性化、便捷化、智能化的增值服务，形成"制造＋服务"的新模式。

如今，工业大数据成为工业企业生产力、竞争力、创新能力提升的关键，是驱动智能化产品、生产与服务，实现创新、优化的重要基础，能够有力推动工业企业向智能化、数字化转型升级。

（三）商业领域

大数据正在引发商业领域的一场变革。在此背景下，企业传统的市场营销、成本控制、客户管理和产品创新模式正在悄然改变，这将为激励新的商业模式和创造新的商业价值奠定基础。下面介绍几个大数据商业应用的典型例子。

1.金融行业

金融业是产生海量数据的行业，来自电子商务网站、顾客来访记录、商场消费信息等渠道的数据，为金融机构提供客户的全方位信息，可以帮助金融机构提升决策效率、实现精准营销服务。

2.零售行业

进入大数据时代，线上、线下零售企业积累了大量的运营、交易、用户、外部市场等数据。对这些数据进行分析与挖掘，将对零售产业价值链的各个环节产生重要影响。在用户方面，通过数据分析，企业能够准确地判断用户的兴趣点、忠诚度和流失的可能性；在市场方面，根据对客户的分析，企业得以实现市场细分，进而调整营销策略、优化分销渠道；在商品方面，企业通过分析销售数据，可以将现有产品减存提利，优化产品组合，创造新产品和衍生产品。

3.物流行业

在信息技术和大数据技术的影响下，物流行业正在朝着信息化、自动化、智能化的方向发展，传统物流模式将逐步升级为更加高端的智慧物流。借助大数据技术，物流企业能够及时了解物流网络中各个节点的运货需求和运力，合理配置资源，降低货车的超载率和返程空载率，提高运输效率。借助大数据分析，物流企业在物流中心选址过程中，能够充分考虑产品特性、目标市场、交通情况等因素，从而优化资源配置、降低配送成本。

4.广告业

大数据技术给广告业带来了新的发展机遇，推动了广告业在消费者洞察、媒介投放方式、广告效果测评等方面进行变革。借助大数据挖掘，广告公司可以从消费者的内容接触痕迹、消费行为数据、受众网络关系等庞杂琐碎的非结构化数据中提炼出消费者的消费习惯、态度观念、生活方式等数据，形成全方位的用户画像，从而为合理选择目标用户、广告内容、推送方式和投放平台提供指导，达到降低广告投入、提高客户转化率的目标。

（四）公共服务领域

目前，大数据在电信、交通、教育、环境保护等领域得到了广泛应用。

1.电信行业

电信运营商拥有业务信息、网络信息、用户信息等丰富的数据资源。通过全面、深入的数据分析与挖掘，电信运营商能够实现精细化的流量经营，创造个性化的客户体验，提供多元化的信息服务，从而推动电信行业的产业升级和商业创新。

2.交通管理

通过对道路交通信息的实时挖掘，相关部门能够快速应对突发状况，从而有效缓解交通拥堵。

3.教育行业

借助大数据技术，教师能够更为便利地收集数字教育资源，学生的基本信息数据、行为数据及偏好数据，从而优化教学过程，促进师生互动，提高教学质量。

4.环境保护

利用大数据技术对水质、气候、土壤、植被等环境信息进行分析与挖掘，可以更为科学、合理地开发和利用自然资源，减少人类对自然环境的破坏，同时能够对空气、水源污染的分布情况和影响程度进行预判，为制订科学合理的治理方案提供依据。

目前，随着越来越多的第三方服务机构的参与，新的公众需求被挖掘出来，大数据在公共服务领域的应用场景也将逐渐丰富。

第三节 云计算技术及应用

一、云计算概述

（一）云计算的概念

云计算的定义有很多，基于用户的视角来看，云计算的目的就是让使用者在不需要了解资源的情况下将资源按需分配。当前的主流云计算更接近云服务，因此可以将云计算理解为早期运营商提供的数据中心服务器租用服务的延伸。以前用户租用的是物理服务器，现在用户租用的是虚拟机、软件平台，甚至是应用程序。公认的三个云计算服务层次是基础设施即服务（infrastructure as a service, IaaS）、平台即服务（platform as a service, PaaS）和软件即服务（software as a service, SaaS），分别对应硬件资源、平台资源和应用资源。

对用户来说，当运营商提供给用户中央处理器（central processing unit, CPU）、主机、网络带宽以及存储空间，但需要用户自己安装系统和应用程序时，就是 IaaS。

对用户来说，当运营商提供给用户一套包含基本数据库和中间件程序的完整系统，但需要用户根据接口自己编写应用程序时，就是 PaaS。

对用户来说，最简单的方式是运营商将应用程序写好。例如，客户要求运营商提供一个 500 人的薪酬管理系统，运营商提供的服务就是一个超文本传输安全协议（hypertext transfer protocol secure, HTTPS）的地址，用户只要设定好账号、密码就可以直接访问，就是 SaaS。

简单来说，云计算的核心是计算，网络、存储、安全等都是外延。从技术上讲，云计算就是计算虚拟化。最早的云计算来自网格计算，通过一堆性能较差的服务器完成一台超级计算机才能完成的计算任务，简单地说就是"多虚一"，但是现如今"一虚多"也被一些厂商采纳并且成为主流。单从技术角度来看，二者相差很大。

（二）云计算的特点

1.按需自服务

用户可以在需要的时候自动地从网络上获取计算能力、存储空间。

2.泛在接入

计算和存储能力的获取适用于多种用户平台，如手机、笔记本式计算机等瘦客户端。

3.资源池化

云计算服务提供商将计算、存储和网络资源汇集到资源共享池中，通过多租户模式共享给多个消费者，再根据消费者的需求对不同的物理资源和虚拟资源进行动态分析。

4.快速伸缩

云计算服务提供商能够快速、弹性、自动地根据用户需求提供计算和存储服务。

5.业务可度量

云计算服务提供商能够监测和控制提供的计算和存储服务，并提供面向服务提供商和用户的资源使用报告。

6.超大规模

"云"具有相当大的规模，企业私有云一般拥有成百上千台服务器。谷歌的"云"已经拥有100多万台服务器，亚马逊、微软等的"云"均拥有几十万台服务器。

7.虚拟化

IT虚拟化平台是云平台的第一层次，作为IT系统演变为云平台的中间阶段，它实现了网络、服务器、存储的虚拟化。

8.弹性计算

在云计算体系中，管理员可以将服务器实时加入现有服务器群中，提高"云"处理能力，如果某计算节点出现故障，则通过相应策略抛弃该节点并将其任务交给别的节点，而在节点故障排除后又可实时加入现有集群中。

9.跨地域分布

用户可以在任何时间、任意地点使用任何设备登录云计算系统，之后就可以享受计算服务。云计算的云端是由成千上万台服务器，甚至更多的服务器组成的集群，具有无限空间、无限速度。

10.低成本

"云"的特殊容错措施使得"云"可以由极其廉价的节点构成，"云"的自动化集中式管理使大量企业无须负担日益高昂的数据中心管理成本，"云"的通用性使资源的利用率较之传统系统大幅提升，因此用户可以充分享受"云"的低成本优势。

11.统一性

云计算的统一整合转变了原来IT管理"一对多"的手工管理模式，实现了物理资源的池化；而云平台的统一引擎调度，既实现了管理入口的统一，又实现了管理模式的统一。

（三）云计算的分类

1.集中云

目前最大的一个集中云的典型实际用户就是谷歌（注意这里说的不是现在的谷歌云服务）。搜索引擎是超级消耗资源的典型应用，从用户在网页上对一个关键词的搜索点击到搜索结果的产生，后台经过了几百甚至上千台服务器的统一计算。随着互联网的发展，虽然用户只是在淘宝、新浪微博等互联网平台的页面进行简单的点击输入，但是后台的工作量远远不是几台大型服务器就能完成的。集中云的应用主力就是这些大型的互联网内容提供商。

根据技术模式，集中云可分为主备模式与负载均衡模式两种。

主备模式比较容易理解，即所有的服务器里面只有一台在工作，其他都处于预备状态，只有工作的服务器"罢工"了，其他的服务器才开始接管处理任务。主备模式大部分是以"二虚一"的形式提供服务的，至于"三虚一"的形式，所起的作用不会太大，无非增加一些可靠性。主备模式以各类高可用集群技术为代表。

负载均衡模式要复杂一些，所有的负载均衡集群技术都存在两个角色，即协调者与执行者。协调者一般为一个或多个，主要工作就是接收任务和分配工作；而执行者就只负责处理计算问题，分到什么工作就完成什么工作。从流量模型上来说，负载均衡集群技术有来回路径一致和三角传输两种模型。

来回路径一致模型指流量都是客户带来的，请求协调者进行处理，协调者将任务分配给执行者进行计算，计算完成后结果会返回给协调者，再由协调者对客户进行应答。来回路径一致模型的结构简单，计算者不需要了解外界情况，由协调者统一作为内外接口，安全性较高。此模型主要应用于科研计算等业务。

三角传输模型指执行者完成计算后直接将结果反馈给客户，此时由于执行者会和客户直接通信，因此安全性降低，但返回流量减少了协调者这个处理节点，性能得到较大提高。此模型主要应用于腾讯、新浪的新闻页面和淘宝的电子商务等Web访问业务。

集中云不是给中小企业和个人使用的。实际上，各大互联网服务提供商都是自行搭建集中云，将自己的业务提供给用户的。集中云服务可能的租用对象是那些科研项目，这使得当前的集中云建设上升到国家战略的层面。

在集中云计算中，服务器之间的交互流量增多，而外部访问的流量相对减少，这使得数据中心网络内部通信的压力增大，对带宽和传输速度有更高的要求，自然而然就催生出一些新技术。

2.分散云

分散云是目前的主流，也是云服务的关键底层技术。分散云应用内容较集中云来说更加平民化，随便找台服务器，装几个虚拟机，大家都能使用，因此分散云的认知度越来越高。

"一虚多"的主要目的是提高效率，力争让所有的CPU都跑到100%，让所有的内存和带宽都占满。以前10台服务器完成的工作，现在两台服务器，每台服务器跑5个虚拟机就完成了。从实现方案来看，分散云技术大致可分为以下四类：

（1）操作系统虚拟化

操作系统虚拟化是在操作系统中模拟出应用程序的容器。该方案的优点是所有虚拟机共享内核空间、性能好、耗费资源少，一个CPU可最多模拟500个虚拟专用服务器或虚拟环境（virtual environment, VE）；缺点是操作系统唯一。

（2）主机虚拟化

虚拟机监视器（virtual machine monitor, VMM）是管理虚拟机（virtual machine, VM）的软件平台。在主机虚拟化中，VMM就是跑在基础操作系统上的应用软件，它与操作系统虚拟化中VE的主要区别在于：VMM能够构建出一整套虚拟硬件平台，平台上需要安装新的操作系统和应用软件，这样底层和上层的操作系统就可以完全无关，如可以在Windows系统上运行Linux；VE则可以理解为盗用了底层基础操作系统的资源去欺骗装在VE上的应用程序，每新创建一个VE，其操作系统都是安装好了的，和底层操作系统完全一样。因此，VE比VM运行的层次更高，消耗资源也更少。

在主机虚拟化中，VM的应用程序在调用硬件资源时需要经过VM内核、VMM和主机内核，因此该方案的性能是三种虚拟化技术中最差的。

（3）裸金属虚拟化

在裸金属虚拟化中，VMM可直接调用硬件资源，不需要底层操作系统，也可以理解为VMM被做成了一个很薄的操作系统。这种方案的性能处于主机虚拟化与操作系统虚拟化之间。

大型机与小型机的"一虚多"技术早在几十年前就由IBM公司研发出来了，如今在RISC平台上已经相当完善，相比较而言，X86架构的虚拟化才处于起步阶段，但X86架构由于性价比更高，因此成为分散云计算的首选。

X86架构最早由纯软件层面的VMM提供虚拟化服务，缺陷很多，性能也不够好，直到2006年，英特尔公司推出了实现硬件辅助虚拟化的虚拟终端（virtual terminal, VT）技术，X86架构的CPU产品才开始迅猛发展。

（4）vMotion

vMotion 是一项资源管理技术，是将一个正常的处于服务提供中的 VM 从一台物理服务器转移到另一台物理服务器的技术，不是高可靠性技术。如果某台服务器或 VM 突然宕机了，那么 vMotion 是不能对应用访问进行故障切换和快速恢复的。vMotion 的目的是尽可能方便地为服务管理人员提供资源调度和转移的手段，当物理服务器需要更换配件、关机重启，或数据中心需要扩容、重新安排资源时，vMotion 就有了用武之地。

设想一下，如果没有vMotion，要完成上述迁移工作，首先需要将原始物理服务器上的VM关机，再将VM文件拷贝到新的物理服务器上，最后将VM启动，整个过程VM对外提供的服务会中断几分钟甚至几个小时，而且需要来回操作两台物理服务器上的VM，管理人员处理起来也比较麻烦。

使用vMotion后，两台物理服务器可通过共享存储来保存VM文件，这样就简化了工作流程，vMotion只需在两台物理服务器间传递当前的服务状态信息，状态同步时的拷贝时间相对较短，而且同步时原始VM还可以提供服务。同步时间和VM当前的负载情况及迁移网络带宽有关，负载较大或带宽较低会延长同步时间，还有可能使vMotion出现概率性失败。状态同步完成后，原始物理服务器上的VM会关闭，而新物理服务器上的VM会被激活（系统已经在状态同步前启动完毕，始终处于等待状态），业务中断的时间较短，可以达到秒级。此外，vMotion是通过VMware的vCenter管理平台一键化完成的，管理人员处理起来比较轻松。

这里要注意，vMotion也会出现业务中断现象，只是时间较短。无论如何同步，只要有新建发生，在同步过程中原始物理服务器上新建立的客户连接，新物理服务器上都是没有的，切换后这部分连接势必被断开重连。VMware也同样建议将vMotion动作安排在业务量少的时候进行。

适用vMotion的场景如下：首先是"一虚多"的VM应用场景；其次是对业务中断恢复的可靠性要求极高，一般在要求提供$7 \times 24\,h$不间断的应用服务时；最后是计算节点的规模始终在不断扩大、资源调度频繁、管理维护工作量大的数据中心时。

云计算还有一部分内容与平台管理资源调度相关，这部分内容主要是针对客户如何更便捷地获取虚拟化服务资源，实际过程就是用户向平台管理软件提出服务请求，管理平台通过应用程序接口（application programming interface, API）将请求转化为指令配置下发给服务器、网络、存储和操作系统、数据库等，自动生成服务资源。这里需要保证设备能够识别管理平台下发的指令。当前的云平台多以IaaS、PaaS为主，能提供SaaS的云平台极少，但今后SaaS有可能成为云服务租用主流。

（四）主流的云计算平台

1.国外主流的云计算平台

由于云计算是多种技术混合发展的结果，其成熟度较高，又有业内大公司推动，因此发展极为迅速。谷歌、亚马逊、微软和雅虎等公司都是云计算的先行者。

（1）谷歌的云计算平台

Google App Engine 是谷歌最重要的搜索应用，现在已经扩展到其他应用程序上。Google App Engine 使用云计算技术，跨越多个服务器和数据中心虚拟化应用程序。谷歌自身的硬件条件优势、大型的数据中心、搜索引擎的支柱应用，都能够促进谷歌云计算的迅速发展。谷歌的云计算主要由 MapReduce、Google GFS、BigTable 组成，它们是谷歌云计算基础平台的三个主要组成部分。此外，谷歌还构建了其他云计算组件，包括领域描述语言以及分布式锁机制等。Sawzall 是一种建立在 MapReduce 基础上的领域语言，专门用于大规模的信息处理。Chubby 可以提供高可用、分布式数据锁服务，当有机器失效时，Chubby 使用 Paxos 算法备份，防止数据丢失。当前，Google App Engine 支持的编程语言是 Python 和 Java。此外，Google App Engine 还支持 Django、WebOb、PyYAML 的有限版本。Google App Engine 在未来会支持更多的语言。Google App Engine 在用户使用一定的资源时是免费的，若支付额外的费用，用户就可以获得应用程序所需的更多存储空间、带宽或 CPU 负载。

（2）微软的云计算平台

2008 年 10 月，微软推出了 Azure Services Platform，它是一个依托微软数据中心的因特网级别的云计算和服务平台，能提供一系列的功能构建服务，包括消费网站、企业应用等多种应用程序。它包括一个云计算操作系统和一个为开发者提供的服务集，其支持目前的工业标准和 Web 协议，如描述性状态迁移（representational state transfer, REST）和简单对象访问协议（simple object access protocol, SOAP）等，可以实现完全的互操作，用户能够单独地使用每个 Azure service，也可以一块使用它们，以进行组合应用或构建新的应用程序，扩展现有的应用程序。

Windows Azure 是用来帮助开发者在因特网上快速和简单地创建、部署、管理和发布 Web 服务及应用的程序，它是一个云服务操作系统，用来为 Azure Services Platform 提供一个良好的开发、服务寄宿和服务管理环境。Windows

173

Azure 通过微软数据中心为开发者提供按需计算服务和存储服务，以寄宿、扩展和管理因特网上的应用程序。Azure Services Platform 不但可以支持微软 WCF 等技术，还可以支持第三方通信技术，从而推动了微软云计算技术在企业中的普及与应用。高性能远程对象服务引擎既是一种新型的通信引擎，也是一款第三方高性能跨语言、跨平台的远程对象服务引擎，支持众多语言和平台，包括主流的 NET、Java、PHP、Python、Ruby、JavaScript、ActionScript、Delphi、Objective-C、ASP、Perl、C＋＋等。高性能远程对象服务引擎可以在这些支持的语言之间实现便捷且高效的互通，能够有效地取代 Web 服务，从而提供跨语言、跨平台、高效率的分布式电信级解决方案。

（3）亚马逊的云计算平台

2006 年，亚马逊推出了弹性计算云（elastic compute cloud, EC2）平台，作为最大的在线零售商，亚马逊每天产生大量的网络交易数据。同时，亚马逊也为独立软件开发人员以及开发商提供了云计算服务平台。亚马逊是最早提供远程云计算平台服务的公司，其将自己的 EC2 建立在公司内部的大规模集群计算的平台上，用户可以通过亚马逊 EC2 的网络界面去操作在云计算平台上运行的各个实例。用户的付费方式由用户的使用状况决定，即用户只需为自己所使用的计算平台实例付费，运行结束后计费也随之结束。这里所说的实例就是由用户控制的完整的虚拟机运行实例。通过这种方式，用户不必自己去建立云计算平台，以节省设备与维护费用。

亚马逊 EC2 为用户或者开发人员提供了一个虚拟的集群环境，在实现灵活性的同时，也减轻了云计算平台拥有者的管理负担。亚马逊 EC2 中的每一个实例代表一个运行中的虚拟机，用户对自己的虚拟机具有完整的访问权限，包括针对此虚拟机操作系统的管理员权限等。所需费用也是根据虚拟机的能力进行计算的。实际上，用户租用的是虚拟的计算能力。总而言之，亚马逊通过提供 EC2 平台，满足了小规模软件开发人员对集群系统的需求，减轻了维护平台的负担。

2.国内主流的云计算平台

国内主流的云计算平台有阿里云、腾讯云和百度云。

（1）阿里云

阿里云创立于 2009 年，为 200 多个国家和地区的企业、开发者和政府机构提供服务。2017 年 1 月，阿里云成为奥运会全球指定云服务商。2017 年 8 月，阿里巴巴财报数据显示，阿里云付费云计算用户超过 100 万人次。阿里云致力于以在线公共服务的方式，提供安全、可靠的计算和数据处理服务，让计算和人工智能成为普惠科技。阿里云在全球开放了几十个可用区，为全球数十亿用户提供可靠的计算支持。此外，阿里云为全球客户部署了 200 多个飞天数据中心，通过底层统一的飞天操作系统，为客户提供全球独有的混合云体验。

（2）腾讯云

腾讯云有着深厚的基础架构，并且有着多年的互联网服务经验，不管是在社交、游戏还是其他领域，都有多年的成熟产品为用户提供服务。腾讯在云端完成重要部署，为企业提供云服务、云数据、云运营等整体一站式服务方案。

腾讯云具体包括云服务器、云存储、云数据库和弹性 Web 引擎等基础云服务，还有腾讯云分析、腾讯云推送等腾讯整体大数据能力，以及 QQ 互联、QQ 空间、微云、微社区等云端链接社交体系。正是腾讯云的差异化优势，打造了可支持各种互联网使用场景的高品质的腾讯云技术平台。

（3）百度云

百度云是百度提供的公有云平台，于 2015 年正式开放运营。百度云秉承用科技力量推动社会创新的愿景，不断向社会输出云计算、大数据、人工智能等方面的技术。

2016 年，百度正式对外发布了"云计算＋大数据＋人工智能"三位一体的云计算战略。之后，百度云推出了 40 余款高性能的云计算产品，天算、天像和天工三大智能平台，分别提供智能大数据、智能多媒体和智能物联网服务，力求为社会各个行业提供安全、高性能、智能化的计算和数据处理服务。

云计算作为一种新兴的计算模型，能够提供高效、动态的，可以大规模扩展的计算处理服务，在物联网中占有重要地位。物联网的发展离不开云计算的支撑，物联网也将成为云计算最大的用户，为云计算的广泛应用奠定基础。

二、云计算的基础架构

云计算其实是分层的，这种分层的概念也可视为其具有不同的服务模式。云计算的服务模式包含 IaaS、PaaS 和 SaaS 三个层次。

（一）IaaS

IaaS 在服务层次上处于最底层，接近物理硬件资源，首先将处理、计算、存储和通信等具有基础性特点的计算资源进行封装，再以服务的方式向互联网用户提供处理、存储以及其他方面的服务，以便用户能够部署操作系统和运行软件，满足个性化需求。底层的云基础设施此时独立在用户管理和控制之外，借助相关技术，用户可以控制操作系统，进行应用部署、数据存储，以及对个别网络组件（如主机、防火墙）进行有限的控制。

这一层典型的服务有亚马逊的 EC2 和 Apache 的开源项目 Hadoop。EC2 与 Google 提供的云计算服务不同，Google 只为在互联网上的应用提供云计算平台，开发人员无法在这个平台上工作，因此只能通过开源的 Hadoop 软件的支持来开发云计算应用。而 EC2 能为用户提供一个虚拟的环境，用户可以基于虚拟的操作系统环境运行自身的应用程序。同时，用户可以创建镜像（镜像包括库文件、数据和环境配置），通过弹性计算云的网络界面去操作在云计算平台上运行的各个实例，同时用户需要为相应的简单存储服务和网络流量付费。Hadoop 是一个开源的基于 Java 的分布式存储和计算项目，其本身实现的是分布式文件系统以及计算框架 MapReduce。此外，Hadoop 包含一系列扩展项目，包括分布式文件数据库 HBase、分布式协同服务 ZooKeeper 等。

（二）PaaS

PaaS 是构建在 IaaS 之上的服务，为用户提供基础设施，并对应用双方进行通信控制。具体来讲，用户通过云服务提供的基础开发平台，运用适当的编程语言和开发工具，编译运行应用云平台的应用，以及根据自身需求购买所需应用。用户不必考虑底层的网络、存储、操作系统等技术问题，底层服务对用户是透明的，这层服务是软件的开发和运行环境，是一个开发、托管网络应用程序的平台。

典型的 PaaS 应用有谷歌公司大规模数据处理系统编程框架 MapReduce 和应用程序引擎 Google App Engine、微软的 Microsoft Azure 等。目前，用户使用 Google App Engine 上的一定的资源是免费的，如果想要使用更多的带宽、存储空间等，则需要另外付费。Google App Engine 提供一套使用 Python 或 Java 的

API 来方便用户编写可扩展的应用程序,但仅限 Google App Engine 范围的有限程序,现存很多应用程序还不能方便地运行在 Google App Engine 上。Microsoft Azure 构建在 Microsoft 数据中心内,允许用户开发应用程序,同时提供了一套内置的有限 API,方便用户开发和部署应用程序。

(三) SaaS

SaaS 是指提供终端用户能够直接使用的应用软件系统。服务提供商提供应用软件给互联网用户,用户使用客户端界面通过互联网访问服务提供商所提供的某一应用,但用户只能运行具体的某一应用程序,不能试图控制云基础设施。常见的 SaaS 应用包括 Salesforce 公司的在线客户关系管理系统 CRM 和谷歌公司的 Google Docs、Gmail 等应用。

SaaS 是一种软件交付模式,将软件以服务的形式交付给用户,用户不用购买软件,而是租用基于 Web 的软件并按照对软件的使用情况付费。SaaS 由应用服务提供发展而来,应用服务提供仅对用户提供定制化的服务,是一对一的,而 SaaS 一般是一对多的。SaaS 可基于 PaaS 构建,也可直接构建在 IaaS 上。

SaaS 具有以下特性:①互联网特性,SaaS 应用一般通过互联网交互,用户仅需要浏览器或者联网终端设备就可以访问应用;②多租户特性,通过多租户模式实现多种使用方式,以满足不同用户的个性化需求;③按需服务特性,支持可配置型和按使用情况付费;④规模效应特性,一般面向大量用户提供服务,以取得规模效应。

SaaS 应用的典型代表有 Salesforce、Google Apps 和微软提供的在线办公软件。目前,成熟的服务提供商多采用一对多的软件交付模式,也称为"单实例多租赁",即一套软件为多个租户服务。应用中一个客户通常指一个企业,也被称为租户，一个租户内可以有多个用户。在数据库设计中，对应三种设计方式，每个租户独享一个数据库，或多个租户共享数据库独立结构，或多个租户共享数据库共享结构。从成本运营角度考虑，大部分服务提供商都选择后两种方案，也就是说多个租户共享一个数据库，从而降低成本。由于模式的应用特点是单实例多租赁，成千上万个租户共享一个应用，业务数据存储在服务提供商的共享数据库中，因此应用数据库应支持租户自定制或自定义技术，包括数据模式、数据权限、事务一致性要求等方面，通过可配置的定制描述信息为每一个客户提供不同的用户体验，同时可配置的权限控制和安全策略确保每一个客户的数据被单独存放且与其他客户的数据相隔离，以满足不同客户的需求。数据定制及隔离技术的不断进步，大大推动应用模式的发展。

三、云计算的关键技术

云计算的目标是以低成本的方式提供高可靠、高可用、规模可伸缩的个性化服务。为了达到这个目标，需要相关关键技术加以支持。

（一）IaaS层关键技术

IaaS 层是云计算的基础。通过建立大规模数据中心，IaaS 层为上层云计算服务提供海量硬件资源。同时，在虚拟化技术的支持下，IaaS 层可以实现硬件资源的按需配置并提供个性化的基础设施服务。

基于以上两点，IaaS 层主要研究两个问题：①如何建设低成本、高效能的数据中心；②如何拓展虚拟化技术，实现弹性、可靠的数据中心基础设施服务。

数据中心是云计算的核心，其资源规模与可靠性对上层的云计算服务有着重要影响。谷歌等公司十分重视数据中心的建设。与传统的企业数据中心不同，云计算数据中心具有以下特点：

①自治性。相较传统的数据中心需要人工维护，云计算数据中心的大规模性要求系统在发生异常时能自动重新配置并从异常中恢复，而不影响服务的正常使用。

②规模经济。通过对大规模集群的统一化、标准化管理，大幅降低单位设备的管理成本。

③规模可扩展。考虑到建设成本及设备更新换代，云计算数据中心往往采用大规模、高性价比的设备来组成硬件资源，并提供可扩展规模的空间。

基于以上特点，云计算数据中心的研究工作主要集中在以下两个方面：

第一，研究新型的数据中心网络拓扑，以低成本、高带宽、高可靠的方式连接大规模计算节点。

第二，研究有效的绿色节能技术，以提高效能比，减少环境污染。

1.数据中心网络设计

目前，大型的云计算数据中心由上万个计算节点构成，而且节点数量呈上升趋势。计算节点的大规模性给数据中心网络的容错能力和可扩展性带来挑战。然而，面对以上挑战，传统的树形结构网络拓扑存在以下缺陷：首先，可靠性低，若汇聚层或核心层的网络设备发生异常，则网络性能会大幅下降；其次，可扩展性差，因为核心层网络设备的端口有限，难以支持大规模网络；最后，网络带宽有限，在汇聚层，汇聚交换机连接边缘层的网络带宽远大于其连接核心层的网络带宽，所以对连接在不同汇聚交换机的计算节点来说，它们的网络通信容易受到阻塞。

为了弥补传统拓扑结构的不足，研究者提出了 VL2、PortLand、DCell、BCube 等新型的网络拓扑结构。这些拓扑结构在传统的树形结构中加入了类似于 mesh（网状）的构造，使得节点之间的容错能力更高，易于负载均衡。同时，这些新型的拓扑结构只用小型交换机便可构建，使得网络建设成本降低，节点更容易扩展，可以保证任意两节点之间有多条通路，计算节点在任何时刻两两之间可无阻塞通信，从而满足云计算数据中心高可靠性、高带宽的需求。同时，可以利用小型交换机连接大规模计算节点，既能够带来良好的可扩展性，又能够降低数据中心的建设成本。

2.数据中心节能技术

云计算数据中心规模庞大，要想保证设备的正常工作，就要消耗大量的电能。据估计，一个拥有 50 000 个计算节点的数据中心每年耗电量超过 1 亿千瓦时，电费达到 930 万美元，因此需要研究有效的绿色节能技术，以解决能耗开销问题。实施绿色节能技术，不仅可以降低数据中心的运行开销，还能减少二氧化碳的排放。

当前，数据中心能耗问题得到学术界的广泛关注。Google 的分析表明，云计算数据中心的能源开销主要来自计算机设备、不间断电源、供电单元、冷却装置、新风系统、增湿设备及附属设施（如照明、电动门等），其中计算机设备和冷却装置的能耗占比较大。因此，需要首先针对计算机设备能耗和制冷系统进行研究，以减少数据中心的能耗总量或在性能与能耗之间寻找平衡点，针对计算机设备能耗问题，提出一种面向数据中心虚拟化的自适应能耗管理系统，该系统通过集成虚拟化平台自身具备的能耗管理策略，以虚拟机为单位为数据中心提供在线能耗管理服务。可以根据 CPU 利用率，控制和调整 CPU 频率以达到优化计算机设备能耗的目的。

此外，数据中心建成以后，可采用动态制冷策略降低能耗。例如，对于处于休眠状态的服务器，可适当关闭一些制冷设施，以节约成本。

3.虚拟化技术

数据中心为云计算提供了大规模资源。为了实现基础设施服务的按需分配，需要研究虚拟化技术。虚拟化技术的特点如下：

①资源分享，通过虚拟机封装用户各自的运行环境，有效实现多用户分享数据中心资源。

②资源定制。用户利用虚拟化技术，配置私有的服务器，指定所需的 CPU 数目、内存容量、磁盘空间，实现资源的按需分配。

③细粒度资源管理。将物理服务器拆分成若干虚拟机，不仅可以提高服务器的资源利用率，减少浪费，而且有助于服务器的负载均衡和节能。

基于以上特点，虚拟化技术成为实现云计算资源池化和按需服务的基础。为了进一步满足云计算弹性服务和数据中心自治的需求，需要研究虚拟机快速部署和在线迁移技术。

4.虚拟机快速部署技术

传统的虚拟机部署分为创建虚拟机、安装操作系统与应用程序、配置主机属性（如网络、主机名等）和启动虚拟机四个阶段。该方法部署时间较长，达不到云计算弹性服务的要求。尽管可以通过修改虚拟机配置改变单台虚拟机性能，但是在更多情况下，云计算需要快速扩大虚拟机集群的规模。为了简化虚拟机的部署过程，虚拟机模板技术被应用于大多数云计算平台。

虚拟机模板预装了操作系统与应用软件，并对虚拟设备进行了预配置，从而有效减少了虚拟机的部署时间。然而，虚拟机模板技术仍不能满足快速部署的需求：一方面，将模板转换成虚拟机需要复制模板文件，当模板文件较大时，复制的时间开销不可忽视；另一方面，因为应用程序没有加载到内存，所以通过虚拟机模板转换的虚拟机需要在启动或加载内存镜像后，方可提供服务。

为此，有学者提出了基于 fork 思想的虚拟机部署方式。该方式受操作系统的 fork 原语启发，可以利用父虚拟机迅速克隆出大量子虚拟机。与进程级的 fork 相似，基于虚拟机级的 fork，子虚拟机可以继承父虚拟机的内存状态信息并在创建后即时可用。当部署大规模虚拟机时，子虚拟机可以并行创建，并维护其独立的内存空间，而不依赖父虚拟机。为了减少文件的复制开销，虚拟机 fork 采用了"写时复制"技术：子虚拟机在执行写操作时，将更新后的文件写入本机磁盘；在执行读操作时，首先判断该文件是否已被更新，然后确定本机磁盘或父虚拟机的磁盘读取文件。在虚拟机 fork 技术的相关研究工作中，Potemkin 项目实现了虚拟机 fork 技术，并可在 1 s 内完成虚拟机的部署或删除，但要求父虚拟机和子虚拟机在相同的物理机上。有学者研究了分布式环境下的并行虚拟机 fork 技术，该技术可以在 1 s 内完成 32 台虚拟机的部署。

虚拟机 fork 是一种即时部署技术，虽然能够提高部署效率，但通过该技术部署的子虚拟机不能持久保存。

5.虚拟机在线迁移技术

虚拟机在线迁移是指虚拟机在运行状态下从一台物理机移动到另一台物理机。虚拟机在线迁移技术对云计算平台的有效管理具有重要意义，具体表现在以下两个方面：

第一，提高系统的可靠性。一方面，当物理机需要维护时，可以将运行于该物理机的虚拟机转移到其他物理机上；另一方面，可利用在线迁移技术完成虚拟机运行备份工作，当主虚拟机发生异常时，可将服务无缝切换至备份虚拟机。当物理机负载过重时，可以通过虚拟机迁移达到负载均衡。可以通过集中零散的虚拟机，使部分物理机完全空闲，以便关闭这些物理机，达到节能的目的。

第二，虚拟机的在线迁移对用户透明。云计算平台可以在不影响服务质量的情况下优化数据中心。在线迁移技术通过迭代的预复制策略同步迁移前后的虚拟机状态。传统的虚拟机迁移是在 LAN 中进行的，为了在数据中心之间完成虚拟机在线迁移，有学者介绍了一种在 WAN 环境下的迁移方法。这种方法在保证虚拟机数据一致性的前提下，尽可能少地牺牲虚拟机输入/输出（input/output，简写为 I/O）性能，加快迁移速度。利用虚拟机在线迁移技术，Remus 系统设计了虚拟机在线备份方法。当原始虚拟机发生错误时，系统可以立即切换到备份虚拟机，而不会影响关键任务的执行，从而提高系统的可靠性。

（二）PaaS层关键技术

PaaS 层作为三层核心服务的中间层，既为上层应用提供简单可靠的分布式编程框架，又需要基于底层的资源信息调度作业、管理数据，屏蔽底层系统的复杂性。随着数据密集型应用的普及和数据规模的日益庞大，PaaS 层需要具备存储与处理海量数据的能力。

1.海量数据存储技术

云计算环境中的海量数据存储既要考虑存储系统的 I/O 性能，又要保证文件系统的可靠性与可用性。有学者为 Google 设计了 GFS。根据 Google 应用的特点，GFS 对其应用环境做了 6 点假设：①系统架设在容易失效的硬件平台上；②需要存储大量 GB 级甚至 TB 级的大文件；③文件读操作由大规模的流式读和小规模的随机读构成；④文件具有一次写、多次读的特点；⑤系统需要有效处理并发的追加写操作；⑥高持续 I/O 带宽比低传输延迟重要。

在 GFS 中，一个大文件被划分成若干固定大小（如 64 MB）的数据块，并分布在计算节点的本地硬盘上。为了保证数据的可靠性，每一个数据块都保存有多个副本，所有文件和数据块副本的元数据由元数据管理节点管理。GFS 的优势在于：①由于文件的分块粒度大，GFS 可以存取 PB 级的超大文件；②通过文件的分布式存储，GFS 可并行读取文件，提供高 I/O 吞吐率；③鉴于上述假设，GFS 可以简化数据块副本间的数据同步问题；④文件块副本策略可以保证文件的可靠性。

BigTable 是基于 GFS 开发的分布式数据存储系统，它将提高系统的适用性、可扩展性、可用性和存储性作为设计目标。

BigTable 的功能与分布式数据库类似，用于存储结构化或半结构化数据，为 Google 应用（如搜索引擎、Google Earth 等）提供数据存储与查询服务。在数据管理方面，BigTable 将一整张数据表拆分成许多存储于 GFS 的子表，并由分布式锁服务 Chubby 负责数据一致性管理。在数据模型方面，BigTable 以行名、列名、时间戳建立索引，表中的数据项由无结构的字节数组表示。这种灵活的数据模型保证 BigTable 适用于多种不同的应用环境。

2.数据处理技术

PaaS 平台不仅要实现海量数据的存储，还要提供面向海量数据的分析处理功能。由于 PaaS 平台部署于大规模硬件资源上，因此海量数据的分析处理需要经历抽象处理过程，并要求其编程模型支持规模扩展，屏蔽底层细节并且简单有效。

MapReduce 是 Google 提出的并行程序编程模型，运行于 GFS 之上。一个 MapReduce 作业由大量的 Map 和 Reduce 任务组成。根据两类任务的特点，可以把数据处理过程划分成 Map 和 Reduce 两个阶段：在 Map 阶段，Map 任务读取输入文件块，并行分析处理，处理后的中间结果保存在 Map 任务执行节点；在 Reduce 阶段，Reduce 任务读取并合并多个 Map 任务的中间结果。

MapReduce 可以降低大规模数据处理的难度：①MapReduce 中的数据同步发生在 Reduce 读取 Map 中间结果的阶段，这个过程由编程框架自动控制，从而简化数据同步步骤；②由于 MapReduce 会监测任务执行状态，重新执行异常状态任务，因此程序员无须考虑任务失败问题；③Map 任务和 Reduce 任务可以并发执行，通过增加计算节点数量来加快处理速度；④在处理大规模数据时，MapReduce 任务的数目远多于计算节点的数目，有助于计算节点负载均衡。

虽然 MapReduce 具有诸多优点，但仍具有局限性：①MapReduce 灵活性差，很多问题难以抽象成 Map 和 Reduce 操作；②MapReduce 在实现迭代算法时效率较低；③MapReduce 在执行多数据集的交叉运算时效率不高。

为此，Sawzall 语言和 Pig 语言封装了 MapReduce，可以自动完成数据查询操作到 MapReduce 的映射。MapRedcue 还可以应用到并行求解大规模组合优化问题（如并行遗传算法）上。由于许多问题难以抽象成 MapReduce 模型，为了使并行编程框架灵活普适，有学者设计了 Dryad 框架，Dryad 可以更加简单高效地处理复杂流程。同 MapReduce 相似，Dryad 为程序开发者屏蔽了底层的复杂性，并可在计算节点规模扩展时提高处理性能。

3.资源管理与调度技术

海量数据处理平台的大规模性给资源管理与调度带来挑战。研究有效的资源管理与调度技术可以提高 MapReduce、Dryad 等 PaaS 层海量数据处理平台的性能。

（1）副本管理技术

副本机制是 PaaS 层保证数据可靠性的基础，有效的副本策略不但可以降低数据丢失的风险，而且能缩短作业完成时间。Hadoop 采用机架敏感的副本放置策略，该策略默认文件系统部署于传统网络拓扑的数据中心。以放置 3 个文件副本为例，由于同一机架的计算节点间网络带宽高，因此机架敏感的副本放置策略将 2 个文件副本置于同一机架，另一个文件副本置于不同机架。这样的策略既考虑了计算节点和机架失效的情况，又减少了因数据一致性维护而产生的网络传输开销。除此之外，文件副本放置还与应用有关，有研究者提出了一种灵活的数据放置策略 CoHadoop，用户可以根据应用需求自定义文件块的存放位置，使需要协同处理的数据分布在相同的节点上，从而在一定程度上减少节点之间的数据传输开销。但是，目前 PaaS 层的副本调度大多局限于单数据中心，从容灾备份和负载均衡角度，需要考虑面向多数据中心的副本管理策略。郑湃等人提出三阶段数据布局策略，分别针对跨数据中心数据传输、数据依赖关系和全局负载均衡三个目标对数据布局方案进行优化。虽然该研究对多数据中心间的数据管理起到优化作用，但是未深入讨论副本管理策略。因此，需要在多数据中心环境下深入研究副本放置、副本选择及一致性维护、更新机制。

（2）任务调度算法

PaaS 层的海量数据处理以数据密集型作业为主，其执行性能受到 I/O 带宽的影响，但是网络带宽是计算集群（计算集群既包括数据中心的物理计算节点集群，又包括虚拟机构建的集群）中的急缺资源。云计算数据中心考虑成本因素，很少采用高带宽的网络设备。IaaS 层部署的虚拟机集群共享有限的网络带宽。

海量数据的读写操作占用了大量带宽资源，因此 PaaS 层海量数据处理平台的任务调度需要考虑网络带宽因素。为了减少任务执行过程中的网络传输开销，可以将任务调度到输入数据所在的计算节点，因此需要研究面向数据本地性的任务调度算法，Hadoop 以"尽力而为"的策略保证数据本地性。虽然该算法易于实现，但是没有做到全局优化，在实际环境中不能保证较高的数据本地性。

除了保证数据本地性，PaaS 层的作业调度器还需要考虑作业之间的公平调度。PaaS 层的工作负载中既包括子任务少、执行时间短、对响应时间敏感的即时作业（如数据查询作业），又包括子任务多、执行时间长的长期作业（如数据分析作业）。研究公平调度算法可以及时为即时作业分配资源，使其快速响应。因为数据本地性和作业公平性不能同时满足，所以有学者在 Max-Min 公平调度算法的基础上设计了延迟调度算法。该算法通过推迟调度一部分作业并使这些作业等待合适的计算节点，来达到较高的数据本地性。但是在等待开销较大的情况下，延迟策略会影响作业完成时间。为了平衡数据本地性和作业公平性，有学者设计了基于最小代价流的调度模型，并应用于 Microsoft 的 Azure平台，当系统状态发生改变时（如有计算节点空闲、有新任务加入），调度器对调度图求解最小代价流并做出调度决策。虽然该方法可以得到全局优化的调度结果，但是求解最小代价流会带来计算开销，当图的规模很大时，计算开销将严重影响系统性能。

（3）任务容错机制

为了使 PaaS 平台可以在任务发生异常时自动从异常状态恢复，需要研究任务容错机制。MapReduce 的容错机制在检测到异常任务时，会启动该任务的备份任务。备份任务和原任务同时进行，当其中一个任务顺利完成时，调度器立即结束另一个任务。Hadoop 的任务调度器实现了备份任务调度策略。但是现有的 Hadoop 调度器检测异常任务的算法存在较大缺陷：如果一个任务的进度落后于同类型任务进度的 20%，Hadoop 就把该任务当作异常任务，然而，当集群异构时，任务之间的执行进度差异较大，因此在异构集群中很容易产生大量的备份任务。

（三）SaaS层关键技术

SaaS 层提供基于互联网的应用程序服务，并会保存敏感数据。因为云服务器由许多用户共享，且云服务器和用户不在同一个信任域里，所以需要对敏感数据建立访问控制机制。由于传统的加密控制方式需要花费很大的计算开销，而且密钥发布和细粒度的访问控制都不适合大规模的数据管理，因此有研究者讨论了基于文件属性的访问控制策略，在不泄露数据内容的前提下将与访问控制相关的复杂计算工作交给云服务器完成，从而达到访问控制的目的。

从以上研究可以看出，云计算面临的核心安全问题是用户不再对数据和环境拥有完全的控制权。为了解决该问题，云计算的部署模式被分为公有云、私有云和混合云等。公有云是以按需付费方式向公众提供的云计算服务。虽然公有云能够提供便利的服务，但是由于用户数据保存在服务提供商处，因此可能存在用户隐私泄露、数据安全得不到保证等问题。私有云是一个企业或组织内部构建的云计算系统。部署私有云需要企业新建私有的数据中心或改造原有的数据中心，由于服务提供商和用户同属于一个信任域，因此数据隐私可以得到保护。受数据中心规模的限制，私有云在服务弹性方面与公有云相比较差。混合云结合了公有云和私有云的特点：用户的关键数据存放在私有云，以保护数据隐私：当私有云工作负载过重时，可临时购买公有云资源，以保证服务质量。部署混合云时应保证公有云和私有云具有统一的接口标准，以保证服务无缝迁移。此外，工业界对云计算的安全问题非常重视，并为云计算服务和平台开发了若干安全机制。其中，Sun 公司发布的开源的云计算安全工具可为 Amazon EC2 提供安全保护。微软公司发布了基于云计算平台 Azure 的安全方案，以解决虚拟化及底层硬件环境中的安全性问题。另外，雅虎公司为 Hadoop 集成了 Kerberos 验证，Kerberos 验证有助于数据隔离，以便对敏感数据的访问与操作更为安全。

SaaS 层面向的是云计算终端用户，提供基于互联网的软件应用服务。Google 将传统的桌面应用程序（如文字处理软件、电子邮件服务等）迁移到互联网并托管这些应用程序，用户通过 Web 浏览器便可随时随地访问 Google Apps，而不需要下载、安装或维护任何硬件或软件。Google Apps 为每个应用提供了编程接口，使各应用之间可以随意组合。Google Apps 的用户既可以是个人用户，又可以是服务提供商。比如，企业可向 Google 申请域名为 @example.com 的邮件服务，满足企业内部收发电子邮件的需求。在此期间，企业只需对资源使用量付费，不必考虑购置、维护邮件服务器的开销。Salesforce CRM 部署于 Force.com 云计算平台，为企业提供客户关系管理服务，包括销售云、服务云、数据云等部分。利用 CRM 预定义的服务组件，企业可以根据自身业务的特点定制工作流程。基于数据隔离模型，CRM 可以隔离不同企业的数据，为每个企业分别提供一份应用程序的副本。CRM 可根据企业的业务量为企业弹性分配资源。除此之外，CRM 为移动智能终端开发了应用程序，支持各种类型的客户端设备访问该服务。

四、云计算的应用

（一）云计算在教育领域的应用

教育是一个国家的根本，全社会对它的关注度都非常高。教育科研领域的信息化建设就是融合最新的电子信息技术、网络技术及其他先进技术，以期达到提高教学效果、促进教育科研成果流通的目的，从而促进社会的进步。

1.云计算在课堂教学中的应用

在传统的授课方式中，教师对知识点的讲解常通过口述加板书的方式展开，由于一些知识点没有办法直接体现出来，学生也就缺乏对该知识点的直观感受。为了增强学生对知识点的直观感受、提高学生的动手能力，教师不得不采取其他手段。近年来，随着电子信息技术、网络技术的不断发展，相继出现了多媒体教学等新兴教育模式。运用这些新兴教育模式，课堂教育内容的直观性有了明显提高，教学的互动性也有了显著增强，学生的学习积极性有了显著提高，进而提高了学生的想象力和创造力。然而，仅有以上新兴教育模式还是不够的，要想实现教学内容的共享，还需要借助高效的、普遍的信息化基础设施。

从教育资源的分布情况来看，如果采用的是大范围、分散式的模式，就会出现投入巨大但效率无法让人满意的情况。因此，教育行业可以利用云计算的集中管理建立信息化基础设施，借助网络和多媒体技术，使优质教学资源的共享和新型教学方式的推广得以实现。该方案在投入效率得以提高的同时，也能够促进教育资源的公平分布，使边远地区的学生也能受益。目前，教育信息化建设的重要方向就是基于云计算技术实现"教育云"平台的搭建。在全国范围内，"电子书包"计划正在如火如荼地进行，这也是云计算在教育领域的典型运用。在"电子书包"计划中，学生的沉重书包将由一台轻薄、具有触控式屏幕的电脑来替代，在校园内只要有网络存在，学生即可进行移动式学习。网络连接的后端为教育云平台，这个平台存储着大量的教学资源以及方便师生互动的工具等。

2.云计算在教学实验中的应用

实验是教学中的重要一环，学生通过实验获取知识，探索新的领域。然而，学校就算拥有再多的资源也不能保证每个学生都拥有自己的实验室。云计算通过共享开发测试资源和远程桌面共享的方式，很好地解决了这一问题。虚拟实验室通过标准化环境建设完成实验室环境准备，通过虚拟化资源池建设完成实验室环境搭建，通过自动化方式完成实验资源申请、回收、监控和管理，通过虚拟桌面的方式完成远程访问。

实际上，这种虚拟实验室在发达国家已经建立起来。例如，在 2008 年 7 月 30 日，美国国家科学基金会的计算机信息科学与工程中心宣布将资助伊利诺伊州立大学在位于厄巴纳市和香槟市之间的校园内建立云计算实验中心。该平台将由伊利诺伊州立大学管理，作为开放的资源提供给其他从事数据密集型计算研究的机构使用。

（二）云计算在医疗领域的应用

云计算正在改变全球绝大部分行业，作为基础民生的医疗行业也从中受益。受医疗业务模式的限制，云计算应用正通过单板块业务的变革逐步深入医疗行业。资源配置的不合理阻碍了医疗行业整体效率的提高，也直接导致医疗质量难以保证、地区之间医疗水平参差不齐，以及医患纠纷增多等状况。在传统的医疗系统中，服务器、网络和存储等计算机基础设施往往是分散而隔离的，其维护和使用是由不同的医疗机构或者同一医疗机构的不同部门单独完成的。信息的有效共享和对医疗系统的统筹管理在这些分离的系统中是无法实现的。云计算的出现为实现医疗信息系统的联合优化和动态管理提供了可能。这些分散的系统通过云计算整合在一起，形成统一的医疗信息基础设施，提供类型多样的健康管理应用，为每个人制订个性化的方案。此外，在生物医学和个性药物的研究过程中，也会涉及大量的数据处理。云计算节约资源、便利管理的特性能够提高这些领域的研究效率。

为此，很多国家在试行基于云计算的医疗行业解决方案。例如，美国的医疗计划有一个预期目标，即通过云计算改造现有的医疗系统，让每个人都能在学校、图书馆等公共场所连接到全美的医院，查询最新的医疗信息；丹麦政府计划通过云计算建立全国性的医疗体系，对该国药品管理局的工作流程进行优化，并将优化的流程推广至药商甚至全丹麦的医药行业。

目前，我国政府正在全力推广以电子病历为先导的智能医疗系统，以对医疗行业中的海量数据进行存储、整合，满足远程医疗的实时性要求。智能医疗系统建立的理想解决方案就是将电子健康档案和云计算平台融合在一起，完整地记录和保存每个人的健康记录和病历，在恰当的时候为医疗机构、主管部门、保险机构和科研单位所使用。

（三）云计算在金融领域的应用

越来越多的金融企业认识到只有与云计算结合，才能更好地支持业务发展和创新。目前的金融云市场，主要存在两个发展方向：一种是以往从事金融服务的传统 IT 企业，开始利用云的手段改造传统业务，实现自身的"互联网化"；另一种是互联网云计算企业，凭借自身技术优势，积极向金融行业拓展。但由于金融行业对 IT 系统的稳定性有着相当高的要求，一旦出现宕机等事故将对人们的生产、生活造成较大影响，同时金融行业监管部门也对 IT 系统的稳定运行有着严格的管理要求，对服务中断等事故近乎零容忍，而云计算技术在金融行业的应用仍处于起步阶段，有许多问题仍需云计算服务商探索解决，因而金融行业用户和云计算服务商在运用云计算的过程中都面临着试错风险较高等挑战。

（四）云计算在电信领域的应用

云计算不是凭空而来的，而是在之前对互联网技术深入研究和不断拓展的基础上建立和实施的。电信运营商在 IT 技术方面，无论是实际应用，还是可投入的资本，都有着其他行业所不具备的优势，这也就预示着云计算在电信行业领域可得到充分应用。我国三大运营商（中国移动、中国联通、中国电信）出于对自身业务发展情况及拥有的核心资源的考虑，对云计算的见解和对云计算侧重发展的方面也有一定的差异。

在这三大运营商中，中国移动服务的用户数量最为庞大，每个用户平均收入值的提高是其重点关注的，而云计算的先进理念和强大功能为其开展多种增值业务提供了切入点。

无论是在业务支撑系统、增值业务系统，还是在企业内部 IT 管理系统、测试和离线运行环境，或是互联网数据中心方面，云计算的可利用空间都非常大。除此之外，像移动支付等新业务模式，运营商也可通过云计算促成对新业务模式的开发和实现。

1.业务支撑系统

在业务高峰期，更多资源可通过云计算进行分配，从而保证了客户享有的服务，使客户满意度得以提高；实现了如网站、外网门户、数据集市、接口服务等边缘化应用的集中化动态部署，提高了集中管理水平。

2.增值业务系统

云计算能够根据市场反应和用户反馈情况，对增值业务进行资源的动态调整，在此基础上，企业可以加大对更多营收增值业务的投入力度；能够及时调整运营周期短、市场反应不是特别好的增值业务，使资源利用率最大化；通过降低合作伙伴的技术准入门槛，丰富产品组合，从而达到增加营业收入的目的。

3.企业内部IT管理系统

有了云计算，企业处于统一的 IT 基础环境中成为可能，集中化管理就能落地实现，从而避免重复建设。

4.测试和离线运行环境

借助云计算技术，企业可以根据项目的具体需求进行定制化搭建，提高资源利用率，在一定程度上减少运营维护的工作量。纯手工搭建测试平台需要投入较多的人力和物力，且非常容易出错，这些问题在云计算平台上搭建的测试和离线运行环境中得到了解决，把可以离线运行的业务转移到测试环境中运行，尽可能地降低现有业务系统的运行压力。

5.互联网数据中心

云计算在电信行业的应用，可将互联网数据中心的云计算实践作为切入点。早期的互联网数据中心业务集中在主机托管、资源出租、高速接入、应用托管、企业网站建设、管理以及维护等方面。近几年，互联网数据中心相继推出了负载均衡、集群服务、网络存储服务和网络安全服务等增值业务，这些都是以满足客户的需求为出发点的。

借助云计算的先进技术，电信行业业务创新、上线的效率得以有效提高，在短时间内实现业务的部署，提高自身实力，进而实现营业收入的增加。

参 考 文 献

[1] 陈周强.计算机网络技术及其在实践中的应用研究[J].信息与电脑（理论版），2018（20）：5-6.

[2] 程翠华.计算机网络技术在中职院校中的应用实践[J].电子技术与软件工程，2016（17）：30.

[3] 丛佩丽，陈震.网络安全技术[M].北京：北京理工大学出版社，2021.

[4] 董倩，李广琴，张惠杰.计算机网络技术及应用[M].成都：电子科技大学出版社，2019.

[5] 窦慧芳.计算机网络技术及在实践中的应用探讨[J].信息与电脑（理论版），2019（2）：1-2.

[6] 郭达伟，张胜兵，张隽.计算机网络[M].西安：西北大学出版社，2019.

[7] 韩艳.人工智能在计算机网络技术中的应用与实践[J].电子世界，2021（18）：41-42.

[8] 何保锋，姚学礼.计算机网络原理及应用[M].西安：西北大学出版社，2008.

[9] 何晓军.计算机网络技术与应用[M].沈阳：东北大学出版社，2010.

[10] 胡艳菊.互联网时代计算机网络技术的实践应用[J].现代工业经济和信息化，2023，13（1）：134-136.

[11] 黄侃，刘冰洁，黄小花.计算机应用基础[M].北京：北京理工大学出版社，2021.

[12] 黄仁书.计算机网络安全中的防火墙技术及应用实践分析[J].信息与电脑（理论版），2017（15）：219-220，223.

[13] 黄智诚,陈少涌.计算机网络技术基础[M].北京:冶金工业出版社,2003.

[14] 金国芳,徐鹏,张秋生.计算机网络技术与应用[M].北京：北京邮电大学出版社，2010.

[15] 李芳.计算机网络技术在企业信息管理中的应用实践[J].电脑知识与技术，2021，17（26）：183-184.

[16] 李飞,陈梅.计算机网络基础应用[M].成都:电子科技大学出版社,2006.

[17] 李环，赵宇明.计算机网络综合实践教程[M].北京：机械工业出版社，2011.

[18] 李伟.计算机网络设备实践教程[M].成都:西南交通大学出版社,2018.

[19] 李桢.互联网时代计算机网络技术在实践中的应用探究[J].信息记录材料，2021，22（3）：185-186.

[20] 李中元，梅新，杜晓初.GIS专业"计算机网络技术与应用"课程教学改革探索与实践[J].测绘与空间地理信息，2019，42（5）：21-24.

[21] 梁松柏.计算机技术与网络教育[M].南昌:江西科学技术出版社,2018.

[22] 林竹.虚拟网络技术在计算机网络安全中的应用实践探微[J].信息系统工程，2016，29（2）：65.

[23] 凌传繁，涂保东、李红祥，等.计算机网络技术与应用[M].上海：上海交通大学出版社，2000.

[24] 刘俊青.互联网时代计算机网络技术及在实践中的应用[J].信息与电脑（理论版），2020，32（1）：166-167，170.

[25] 刘阳，王蒙蒙.计算机网络[M].北京：北京理工大学出版社，2019.

[26] 卢晓丽，于洋. 计算机网络基础与实践[M]. 北京：北京理工大学出版社，2019.

[27] 罗恒辉. 计算机网络信息与防御技术的应用实践刍议[J]. 信息与电脑（理论版），2016（2）：170-171.

[28] 罗刘敏. 计算机网络基础[M]. 北京：北京理工大学出版社，2018.

[29] 骆焦煌，许宁. 计算机网络技术与应用实践[M]. 北京：清华大学出版社，2017.

[30] 马腾腾，封辰静. 人工智能在计算机网络技术中的实践应用[J]. 数字技术与应用，2021，39（7）：53-55.

[31] 穆德恒. 计算机网络基础[M]. 北京：北京理工大学出版社，2021.

[32] 潘银松，颜烨，高瑜. 计算机导论[M]. 重庆：重庆大学出版社，2020.

[33] 孙建. 计算机网络及应用技术实践教程[M]. 北京：中国农业出版社，2016.

[34] 谭建中. 计算机网络技术[M]. 成都：电子科技大学出版社，2008.

[35] 涂小燕，胡彩明. 浅谈计算机网络技术在实践中的应用[J]. 科技展望，2014（24）：52.

[36] 王爱平. 大学计算机应用基础[M]. 成都：电子科技大学出版社，2017.

[37] 王和旭，谢飞. 大数据时代物流信息技术理论指导与教学实践分析：评《现代物流信息技术与应用实践》[J]. 中国教育学刊，2019（12）：111.

[38] 王雪丽. 计算机网络技术在农业节水灌溉系统中的运用：评《计算机网络技术与应用实践》[J]. 热带作物学报，2020，41（6）：1303.

[39] 王宇航. 浅议电子信息工程中计算机网络技术的实践应用[J]. 计算机产品与流通，2020（5）：97.

[40] 吴阳波，廖发孝.计算机网络原理与应用[M].北京：北京理工大学出版社，2017.

[41] 夏杰.计算机网络技术与实践[M].武汉：中国地质大学出版社，2017.

[42] 肖永生，王燕伟.计算机网络原理与应用[M].北京：北京航空航天大学出版社，2001.

[43] 严小红，靳艾.计算机网络安全实践教程[M].成都：电子科技大学出版社，2017.

[44] 杨文静，唐玮嘉，侯俊松.大学计算机基础实验指导[M].北京：北京理工大学出版社，2019.

[45] 杨雯迪.计算机网络系统集成技术及应用实践[J].电子技术与软件工程，2018（7）：13.

[46] 袁伟伟.计算机网络中数字电子技术的应用实践微探[J].科学咨询，2020（9）：120.

[47] 张峰连.计算机网络安全中数据加密技术的应用实践[J].电子技术与软件工程，2018（6）：221.

[48] 张海旸.计算机网络技术理论与实践[M].北京：北京邮电大学出版社，2011.

[49] 张家华.计算机网络技术应用与实践[M].北京：中国水利水电出版社，2011.

[50] 张靖.网络信息安全技术[M].北京：北京理工大学出版社，2020.

[51] 张乃平.计算机网络技术[M].广州：华南理工大学出版社，2015.

[52] 张瑛.计算机网络技术与应用[M].长春：吉林科学技术出版社，2020.

[53] 赵伯鑫，李雪梅，王红艳.计算机网络基础与安全技术研究[M].长春：吉

林大学出版社，2021.

[54] 赵金涛.计算机网络技术及在实践中的应用研究[J].网络安全技术与应用，2017（8）：5，7.

[55] 赵军辉.物联网通信技术与应用[M].武汉：华中科技大学出版社，2019.

[56] 赵丽莉，云洁，王耀棱.计算机网络信息安全理论与创新研究[M].长春：吉林大学出版社，2020.

[57] 赵林海，李晓风，谭海波.基于CACTI的分布式ORACLE监控系统的设计与实现[J].计算机系统应用，2010，19（9）：134-137，133.

[58] 赵晓波，尹明锂，喻衣鑫.计算机应用基础实践教程[M].成都：电子科技大学出版社，2019.

[59] 赵越.计算机网络中数字电子技术的应用实践[J].电子世界，2019（3）：46-47.

[60] 赵宗耀.计算机信息系统安全技术的研究及其应用[J].城市建设理论研究（电子版），2017（8）：256.

[61] 郑东营.计算机网络技术及应用研究[M].天津：天津科学技术出版社，2019.

[62] 周宏博.计算机网络[M].北京：北京理工大学出版社，2020.

[63] 周敏.详论大数据时代连锁经营的管理模式与技术[M].长春：东北师范大学出版社，2018.